KB074100

화학이 좋아지는 책

케미 넘치는 화학 입문서

전파과학사는 독자 여러분의 책에 관한 아이디어와 원고 투고를 기다리고 있습니다. 디아스포라는 전파과학사의 임프린트로 종교(기독교), 경제·경영서, 일반 문학 등 다양한 장르의 국내 저자와 해외 번역서를 준비하고 있습니다. 출간을 고민하고 계신 분들은 이메일 chonpa2@hanmail.net로 간단한 개요와 취지, 연락처 등을 적어 보내주세요.

화학이 좋아지는 책
케미 넘치는 화학 입문서

–
초판 1쇄 1987년 3월 20일
개정 1쇄 2023년 3월 21일

–
지 은 이 요네야마 마사노부
옮 긴 이 권동숙
발 행 인 손영일
디 자 인 장윤진

–
펴낸 곳 전파과학사
출판등록 1956. 7. 23 제 10-89호
주   소 서울시 서대문구 증가로18, 204호
전   화 02-333-8877(8855)
팩   스 02-334-8092
이 메 일 chonpa2@hanmail.net
홈페이지 http://www.s-wave.co.kr
공식 블로그 http://blog.naver.com/siencia

ISBN 978-89-7044-591-5 (03430)

화학이 좋아지는 책

케미 넘치는 화학 입문서

요네야마 마사노부 지음 | 권동숙 옮김

전파과학사

머리말

고단샤 과학도서 출판부의 스에다케 씨로부터 '화학 혐오증을 없애는 책'을 써보지 않겠느냐는 권유를 받았습니다. 해마다 수만 명의 고교생이 화학이라는 과목과 씨름을 하게 되지만, 그중 상당수의 사람들이 화학 공부에 싫증을 느끼고, 심지어는 화학 기피증에 걸려 있을지도 모릅니다. 그런 분들에게, 어디 다시 한번 화학에 도전해 보자는 마음을 되찾게 할 만한 책을 만들어 보고 싶다는 것이 부탁의 주된 취지라고 생각합니다.

필자는 이미 오래전에 『화학의 도레미파』라는 책을 여명출판사에서 출판했습니다. 다행히 많은 독자를 얻어, 수십 판을 거듭하여 현재도 중·고교생에게 계속 읽히고 있습니다. 『화학의 도레미파』를 읽고, 화학이 좋아져서 중·고교의 화학 선생님이 되셨다는 분, 화학 기술자가 되셨다는 분들이 편지를 주신 것만 해도 엄청나게 많습니다. 그런 이유에서 편집자도 필자를 선정한 것으로 생각합니다.

그러나 이 책이 『화학의 도레미파』의 재탕이 된다면 출판사나 독자에게도 죄송한 일입니다. 그래서 이 책은 완전히 다른 각도에서 생각해 보았습니다. 『화학의 도레미파』는 중·고교에서 화학을 처음 대하는 사람이 부독본으로서 읽기 좋게 썼습니다만, 이 책은 일단 화학에 발을 들여놓기는 했으나 도무지 이해가 잘 가지 않아 일종의 실망감을 맛본 분들에게 용기를 북돋아 주려고 생각하며 썼습니다. 그래서 화학이란 이런 공부구나라는 것을 해설한 부분과 화학을 싫어하기 시작할 만한 곳이라고 생각되는 부분을 좀 다른 각도에서 다시 생각해 보자는 부분이 있습니다. 제1장에서부터 제5장까지와 제7장은 해설을 주로 다루고 있으므로, 침대에 누워서나 지하철 안에서 가벼운 마음으로 읽어 주었으면 합니다. 그리고 제6장과 제8장, 제9장은 조금 착실히 공부하는 태세로, 때로는 교과서와 대조해 가면서 차분히 읽어 주었으면 합니다. 따라서 현재 화학 공부와 직면해 있지 않은 분이나, 화학이란 것은 어떤 것이냐는 점에 관심을 가지고 읽으실 분은 이 장들은 그냥 넘겨도 좋으리라 생각합니다.

　이 책이 완성되기까지 블루백스 편집부에 삽화 등에서도 많은 신세를 졌습니다. 충심으로 감사드립니다. 또 원고의 정리와 정서를 맡아준 아내의 노고에도 감사하게 생각합니다.

요네야마 마사노부

목차

머리말 _4

I. 화학식! 이 미운 놈아

1. 왜 H_2는 맞고 C_2는 틀린 것인가?   11

2. 우주 속에는 C_2도 있다   14

3. 지구 위에서는 C_2는 가위표   18

II. 우리는 우주의 파편 위에 있는 파편

1. 변화하기 쉬운 방향이 있다   25

2. 태초에 빛이 있었다   28

3. 변하고 변해서 사람으로까지   34

III. 원자 나라의 남신과 여신

1. 남신형 원자와 여신형 원자   40

2. 부족한 원자끼리는 한 무리   48

   —원자의 결합방법 1—   48

3. "줄게" "받을게" 하며 함께   53

   —원자의 결합방법 2—

4. 원자의 호적 —주기율표—   60

5. 남신끼리의 튼튼한 스크럼   68

   — 원자의 결합방법 3—

6. 몇 사람을 상대로 결합할 수 있을까?   72

IV. 반응식을 길들이다

1. $H_2+O \rightarrow H_2O$도 맞는 식일까?   82

2. 우주 공간의 원자나 분자는 어떻게 발견하는가?   89

3. 실제로 반응식의 계수를 정하기 위해서는   93

Ⅴ. 고이 기른 딸을 시집보내는 방법

1. 설사 만났다고 해도 열이 없으면 반응하지 않는다   99
2. 촉매라는 중매쟁이   106
3. 역시 만나지 않고서는 시작되지 않는다   109

Ⅵ. 짜증나는 화학반응도 패턴으로 갈라놓고 보면…

1. 강한 자여, 그대는 승자이니라   113
2. 수소를 쫓아낼 수 있는 금속과 쫓아낼 수 없는 금속   121
3. 파트너의 짝 바꾸기   124
　　―1. 멋있는 짝이 되는 경우―
4. 파트너의 짝 바꾸기   129
　　―2. 증발하는 커플이 생기는 경우―
5. 계기가 있으면 헤어진다   136
6. 과격한 두 사람도 중화하면 얌전해진다   142
7. 내어놓은 쪽은 빼앗겼다, 손에 넣은 쪽은 얻었다고 한다   148

VII. 화학의 힘든 곳 "몰 고개"

1. 인구가 늘어서 지구와 같은 무게가 되는 날?!   157

2. 1다스는 12개, 1몰은 6×10^{23}개   161

3. 원자량이란, 원자의 무게가 아니다   164

4. 드디어 "몰" 고개로   173

VIII. 무엇 때문에 힘든 고개를 넘어야 하나?

1. 한 잔의 커피로부터   179

2. 배 속에 들어간 설탕의 행방   186

IX. 풍선은 왜 부풀었을까?

1. 기체가 되면 분자가 팽창하는 것일까?   194

2. 우주 공간에 있는 물질은 고체인가? 기체인가?   199

3. 기체에는 자신의 부피가 없다   204

4. 기체의 법칙   207

5. 기체의 부피는 그 종류와 관계가 없다   213

6. 반응하는 기체의 부피를 계산한다   216

I. 화학식! 이 미운 놈아

1. 왜 H_2는 맞고 C_2는 틀린 것인가?

나리는 오늘 학교에서 돌려받은 화학시험 답안지를 앞에 놓고 화가 잔뜩 나 있다.

「오빠란 게 거짓말이나 가르쳐 주고.」

이 말을 들은 어머니가 눈살을 찌푸리며 말씀하셨다.

「말버릇이 그게 뭐냐, 여자가.」

「여자여서 잘못되었군요. 그럼 오라버님께서 거짓말을 가르쳐 주셨어요, 라고 하면 되나요?」

「뭐라고, 내가 거짓말을 가르쳐 주었다고?」

언제 돌아왔는지 오빠 철이가 들어왔다.

「이것 좀 봐, 이것 말이야 오빠.」

「어디 보자. 다음 물질의 화학식을 적어라, 라는 문제이군. 음 꽤 많이 맞았는데.」

「놀리지 마. 이것 좀 봐. 어제 오빠가 C_2라는 분자가 있다고 말하지 않았어. 그런데 왜 가위표야? 이것 봐!」

「하하, 탄소의 화학식이 C_2라? 그러니까 틀렸지. 당연하잖아, 하하하.」

「무엇이 우스워? 오빠가 그렇게 가르쳐 주고 나서.」

「잠깐, 난 탄소의 화학식이 C_2라고는 가르치지 않았다.」

「그렇게 가르쳐 주었잖아.」

「그럴 리가…… 음. 바로 이 잡지를 보고 있을 때였을 거야. 우주 공간은 완전한 진공이 아니고, 몇 종류나 되는 화합물의 분자들도 존재한다고 쓰인 대목이었지. 적색거성의 대기 중에는 수소분자(H_2), 메틴(CH), 탄소분자(C_2) 등이 존재한다는 것이 알려져 있다. 그래 이 기사였어. 그때 C_2라고 말했을 뿐이야.」

「그래, 그런데 왜 수소는 H_2로 동그라미인데, 탄소는 C_2가 왜 가위표냐 이 말이야.」

「하하하, 이봐, 여기는 지구야. 지구 위에서 화학을 배우고 있는 거야. 분명히 이 문제에는 지구 위라고 밝혀지지는 않았지만, 그렇다고 일부러 저 먼 적색거성에서의 문제를 다루지는 않았을 게 아니니? 그러니까 C_2는 틀렸지.」

「그럼 지구 위와 우주에서는 화학이 다르다는 말이야? 우주를 만들고 있는 원소는 어디서나 같다는 건 거짓말이야?」

「거짓말은 아니야. 적색거성 속의 탄소원자도, 지구 위의 탄소원자도 탄소원자임에는 틀림이 없지. 다만 적색거성의 대기 속에서는 C_2라

왜 가위표야

그림 1-1 | C_2는 왜 가위표일까?

는 분자가 발견되었다는 것일 뿐, 지구 위에서는 이런 일은 보통은 없는 거야. 그러니까 지구인인 네가 배우는 화학시험에서는 C_2는 가위표가 될 수밖에.」

「그게 무슨 뜻이야?」

「조건이 다르다는 것이지. 지구 위의 환경에서는 C_2라는 모양으로 존재할 수가 없다는 거야.」

「모르겠어. 그게 무슨 뜻인지?」

「음 그렇지, 이런 걸 한번 생각해 보렴. 할아버지와 친구분께서 전쟁 중에 남방 어느 섬의 정글 속으로 도망쳐서, 단둘이서 1년 이상을 숨어서 지냈다는 이야기를 들은 적이 있지 않니? 평화로운 지금의 사회에서 장

년의 남자끼리 둘이서만 산속에 박혀서 지내는 사람이야 없겠지만, 만약에 있다면 그 사람들을 수상하게 생각하지 않겠니? 전쟁 중 정글 속이었기 때문에 누구도 이상하게 생각하지 않았겠지만…. 다시 말해서 전쟁 중에 정글 속에서는 C_2로 존재할 수 있어도, 평화로운 사회로 돌아오면 곧 CO_2가 되지 않으면 안 된다는 거야. 그 할아버지들도 전쟁이 끝나고 고향으로 돌아와서는, 각각 배우자를 만나 결혼해서 지금은 행복한 할아버지가 되셨을 게 아니니.」

「별난 이야기도 다 있네. 그럼 적색거성은 전쟁 중이란 말이야?」

「전쟁 중이라는 것은 비유로서 한 말이야. 환경이 크게 다르다는걸 뜻하는 거야.」

「어떻게 다르다는 거야?」

「귀찮게 구네. 음 별수 없군. 기왕 내친걸음이니 갈 데까지 가볼까. 좋아, 저녁 식사 후에 학습진도표를 가지고 내 방으로 와. 단단히 가르쳐 줄 테니까.」

「좋아.」

2. 우주 속에는 C_2도 있다

「자, 가지고 왔어.」

나리는 오빠의 책상 위에 학습진도표를 놓았다.

「어디….」

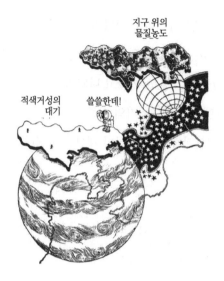

그림 1-2 | 대기의 밀도는 이렇게나 차이가 있다

철이는 그 진도표를 집어 들고 뒤적이다가

「음, 항성의 여러 가지 양이라. 여기다. 이봐, 여기를 좀 봐. 여기에 적색거성의 보기로 세 개를 들고 있지. 네가 잘 알고 있는 건 오리온자리의 베텔게우스일 거야. 이것 봐. 겨울철의 동쪽 하늘에 올라오는 세 개의 별, 그 세 별의 왼쪽 위에 붉고 큰 별이 있지 않니. 그것이 베텔게우스란다. 여기에 나와 있듯이 지름이 태양의 1,000배나 되는 큰 별이야. 그래서 거성이라고 부르는 거다. 그런데 자 여기, 밀도를 보면 $4.9 \times 10^{-9} \mathrm{g/cm^3}$라고 쓰여 있지. 이걸 써서 생각해 보기로 하자. 여기서 밀도라고 하는 것은 별 전체에 관한 것이니까, 대기의 밀도는 이보다 훨씬 작을 거야. 지구의 대기도 16㎞쯤 올라가면 밀도는 10분의 1이 되지 않니? 가령 베텔게우스

의 대기 밀도도 10분의 1이라고 한다면, 4.9×10^{-10} g/㎤가 되겠지. 그런데 우리가 살고 있는 이 지구 위 대기의 밀도가…, 옳지 여기 있군. 0℃, 1기압에서 1.293×10^{-3} g/㎤이라고 나와 있군. 그럼 지구의 대기를 1이라고 했을 때, 베텔게우스의 대기의 비중은 얼마가 되는지 계산해 보렴.」

나리는 전자계산기를 두들겨 금방 계산을 마쳤다.

$$\frac{4.9 \times 10^{-10}}{1.293 \times 10^{-3}} = 3.79 \times 10^{-7}$$

「와! $1/10=10^{-1}$이니까 $10^{-7}=1/10,000,000$이고, 1,000만분의 4야. 그렇게 가벼운 거야?」

나리가 계산을 하는 동안 철이는 사회과 사전을 보고 있다가

「도쿄의 인구가 1975년에 1,134만이라고 나와 있으니까, 이젠 조금 더 늘어서 1,200만이 되었다고 하고, 1200만에 3.79×10^{-7}을 곱해 보렴.」

「응, 그래.」

나리는 전자계산기를 두드린다.

$12,000,000 \times 3.79 \times 10^{-7} = 1.2 \times 10^{7} \times 3.79 \times 10^{-7} = 4.55$

「어유, 4.6 사람이야.」

「이제 알겠니? 지구 대기 속의 물질 밀도를 도쿄의 인구 밀도라고 한다면, 베텔게우스의 밀도는 도쿄에 4~5명의 사람이 살고 있는 정도로 희박하다는 걸 나타낸다는 뜻이야.」

「마치 무인도시와 같네.」

「그럼, 다음 계산을 또 해 봐. 도쿄의 넓이는 2,143㎢이니까

$$\frac{2143 km^2}{4 \cdot 6} = 465.9 km^2$$

이 평방근을 취해 보면 $\sqrt{466}$ =21.6, 이것은 한 변이 약 22㎞인 정사각형의 넓이의 지역에 단 한 사람만이 있다는 뜻이 되니까, 이웃 사람이 있는 곳을 알고 직선거리로 걸어간다고 해도 온종일을 걸어가야 만날 수 있게 돼. 서로가 제멋대로 임의의 방향으로 걸어간다면, 만날 수 있는 기회란 수십 년에 한 번 있을까 말까 하겠지. 우연히 만나서 두 사람이 같이 살게 되었다고 해도, 거기에 또 한 사람을 만나 셋이 될 기회는 일생에 한 번 있을까 말까 하겠지.」

「응, 그건 알겠는데 오빠. 도대체 지금 무슨 이야기를 하려는 거야?」

「네가 탄소의 화학식을 C_2라고 써서 가위표를 받은 이유를 생각하고 있는 거지 뭐니. 지금 베텔게우스의 대기 속에 탄소원자가 한 개 있다고 하자. 그것이 돌아다니다가 다른 또 하나의 탄소원자와 만나서 결합하여 C_2가 되었다고 해. 즉

$$C + C \rightarrow C_2$$

인 거야. 만일 한 개의 수소원자를 만나서 결합했다면

$$C + H \rightarrow CH$$

가 되겠지.

이렇게 만들어진 C_2나 CH는 다음에 세 번째의 원자와 만나서 결합하기까지에는 상당한 시간이 걸리게 돼. 그래서 관측한 바로는 베텔게우스의 대기 속에는 C_2나 CH가 있다고 되는 거야.」

「그래, 그건 알았어.」

「그런데 지구 위에서는 만일 어떤 사정으로 C_2가 생겼다고 해도, 그것은 도쿄와 같은 과밀한 물질세계에 놓이게 되고, 대기 속에는 탄소와 매우 결합하기 쉬운 산소도 많이 존재하기 때문에 C_2는 금방 O_2와 부딪쳐서 CO_2가 되어 버릴 거야.

그렇기 때문에 지구 위를 관찰해도 C_2이라는 분자는 발견되지 않는거야. 그러므로 지구 위에서는 탄소를 나타내는 데 C_2라고 쓰면 가위표를 맞는단 말이다. 알겠니?」

「아, 그렇군. 하지만 왜 수소는 H_2, 산소는 O_2라고 써도 되는 거야? 탄소만 C_2라고 쓰면 안 된다는 건 불공평하잖아?」

3. 지구 위에서는 C_2는 가위표

「아니, 그건 방금 말했잖니? 지구 위에서처럼 물질이 과밀하여 끊임없이 다른 물질과 충돌하는 환경 속에서는 C_2는 존재할 수 없는 거야. 그러나 H_2는 존재할 수 있다는 차이뿐이야. 바꿔 말하면 C_2는 불안정한 상태이므로 다른 물질과 만나면 금방 반응해 버리지만, H_2는 비교적 안정해서 다른 물질과 함부로 반응하지 않는다는 것이지. 그러므로 H_2의 상태로 관찰할 수 있기 때문에 H_2라고 쓰는 거야. 수소도 때로는 H, 즉 원자가 단독으로 존재할 경우라든가 H_3, 즉 수소원자 세 개가 모인 상태 등도 있을 수가 있겠지. 그러나 이들은 다른 물질과 만나면 금방 반응해 버리기 때문에, 보통의 수소상태를 나타내는 건 H_2가 되는 거야. 다시 말해서 수소는 2원자가 결합해서 H_2라는 분자상태로 되어 있는 편이 안정하기 때문에, 분자상태로 존재하는 것이 보통이라는 거야. H_2가 안정하므로 어떤 사정으로 H_3이 되었더라도, 금방 H_2와 H로 갈라져 버리기 때문에 보통의 수소를 H_3이라고 나타내는 일은 없단다.」

「안정상태를 나타내는 거라…. 그럼 탄소는 C_2보다 C가 안정하니까 보통 C라고 나타낸다는 말이지?」

「그래, 바로 그런 뜻이야. 그러나 H와 H_2, C와 C_2는 조금 사정이 다르지. 어떤 방법으로 만들었건 간에 집기병 속이나 풍선 속에 수소가 있을 때, 그 수소는 H_2라는 분자의 집합인 거야. 만일 분자가 10개 있다고 하면 $10H_2$라고 나타내면 되고, 100개가 있으면 $100H_2$라고 나타내면 돼. 보통 집기병 속이나 풍선 속에 들어 있는 수소 중의 분자수는 알 수 없기 때문에, nH_2라고 써야 하겠지. 하지만 n을 알 수 없기 때문에 최소단위를 대표해서 H_2라고 나타내는 거란다. 즉

H_2는

1. 수소를 나타내고

2. 수소분자 1개를 나타내는

두 가지 뜻이 있는 거다.

그럼 이번에는 탄소를 생각해 볼까. 여기에 다이아몬드 한 개가 있다고 하자. 다이아몬드는 탄소원자가 빈틈없이 단단히 결합하여 이루어진 결정이야. 몇 개나 되는 탄소원자의 집합인지 모르기 때문에 우선은 C_n이

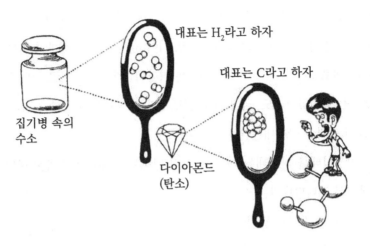

대표는 H_2라고 하자

대표는 C라고 하자

집기병 속의
수소

다이아몬드
(탄소)

그림 1-3 | 수소와 탄소가 존재하는 방법

라고 나타내야 하겠지. 그리고 따로 탄소 가루가 조금 있었다고 해. 알갱이 하나하나의 탄소 속에서는 C_n으로 나타내는 게 좋은 결합도 있겠지만, 그런 알맹이가 많이 모여 있으니까 글쎄다, n_1Cn_2라고 나타내야 할 거야. 그런데 여기서도 n이나 n_1, n_2는 모두 확정된 수가 아니므로 역시 최소단위를 대표해서 C로 쓰고 있는 거야. 즉

C는

1. 탄소원자 1개를 나타내며

2. 어떤 방법으로 결합하든 간에, 어떤 양의 탄소를 나타내고 있는 거란다.」

「잠깐만, 오빠. 여기서 n_1과 n_2의 차이점을 좀 더 확실히 했으면 좋겠어.」

「그래, 그건 이미 네가 알고 있을 줄 알았지. 그럼 복습을 해볼까?

H라든가 C나 O는 수소, 탄소, 산소라고 하는 원소를 나타내는 기호인데, 동시에 원자 1개를 나타내는 거야. 다시 말해서

H

1. 수소라는 원소를 나타내며 (원소기호)

2. 수소원자 1개를 나타낸다 (원자식)

그 수소원자는 지구 위에서는 2개의 원자가 결합하여 안정된 분자를 만들고 있으므로, 그 분자를 H_2로 나타낸다. 즉

H_2는

1. 수소분자 1개를 나타내고

2. 수소분자는 2개의 수소원자로써 이루어진다는 뜻이다.」

「그럼 오른쪽 아래에 표시된 작은 숫자는 1개의 분자 안에 있는 원자의 수를 나타내는 거군. 그렇다면 n_1Cn_2라고 썼을 때는, 탄소원자 n_2개가 결합하여 분자가 되고, 그런 분자가 n_1개 있다는 뜻이겠네?」

「그래, 그렇게 생각하면 된단다. 그럼 이건 어떤 뜻을 나타내는 거지?」

라고 말하며 철이는 종이에

$$6C_6H_{12}O_6$$

이라고 썼다.

「아, 어디서 본 것 같은데…. 이건 탄소원자 6개와 수소원자 12개, 산소원자 6개가 결합하여 이루어진 분자가 6개 있다는 뜻이 아니야.」

「맞았어. 너도 꽤 머리가 좋군. 이 $C_6H_{12}O_6$이라는 것은 포도당이라고 하는 물질의 분자식이야.」

「아, 알았어. 식물의 광합성에서 나왔어.」

「그렇겠지. 어쨌든, 기호의 오른쪽 아래에 작게 쓰인 숫자와 앞에 쓰는 숫자와의 차이점을 알았겠지?」

「응, 오빠.」

「그런데 원소가 단독으로 자연계에 있을 경우, 이걸 **단체**라 하고, 두 종류 이상의 원소가 결합되어 있는 것은 **화합물**이라고 하는 거다.

그래서 기체로 된 단체의 경우에는 분자가 확실하게 알려져 있으므로, 안정상태의 단체를 나타내는 데에 H_2니 O_2니 하는 분자식을 사용하지. 그러나 고체의 단체는 분자가 확실하지 않은 경우가 많기 때문에, C나 S, Fe 등으로 원소기호로서 나타내는 게 보통이란다. 고체라도 분자를 확실하게 알고 있는 요오드와 같은 것은 I_2라고 분자식으로 나타낸단다. 자, 이제 탄소를 C_2라고 쓰면 가위표를 받는 이유를 알았겠지?」

「응, 알았어. 그런데 액체의 단체는 어때?」

「그 질문이 나올 줄 알았어. 상온에서 액체인 단체는 수은과 브롬뿐이야. 수은은 금속의 무리인데 분자가 확실하지 않으므로 Hg라고 쓰고, 브롬은 Cl_2의 무리인데 분자가 확실하기 때문에 Br_2라고 쓰는 거야.」

「화합물인 경우도 이것에 준해서 생각하면 되겠네.」

「그렇지. 물은 H_2O, 이산화탄소는 CO_2 등으로 말이야.」

「그럼 화학식이라는 것은, 이 지구 위에서 안정하게 존재하는 상태에서의 최소단위를 대표로 해서 쓰는 거라고 생각하면 되겠네.」

「글쎄다. 우선은 그렇게 이해하고 화학 공부를 시작하면 될 거야.

그런데 아까, 수소는 H_2의 상태에서 비교적 안정하다고 말했었지? 이 비교적이라는 의미는 말이야, 수소는 안정하다고는 하지만 방심할 수 없는 물질이라는 뜻이야. 가끔 학교의 실험실에서 폭발 사고가 났다는 경우가 있는데, 대부분이 수소와 공기가 혼합되어 있는 혼합기체에다 불을 당긴 경우의 사고인 거야.

즉 상온 부근에서 수소와 산소가 섞여 있으면, 거기서는 H_2분자와 O_2분자가 충돌하는 경우가 있어도 반응은 하지 않고 튕겨 나가기 때문에 그런대로 안정하다고 말할 수 있지. 그런데 점화에 의해 일부를 가열해 주면, 분자의 충돌속도가 커져서 튕겨 나가지 않고 반응하게 된단다.

그것이 또 다음 분자에 부딪혀서 잇달아 반응해서 전체가 쾅 하고 폭발하게 되는 거야.

즉 안정하다는 것은 온도와 밀접한 관계가 있단다. 태양의 중심과 같은 고온에서의 안정과 우주 공간의 찬 상태에서의 안정하고는 큰 차이가 있다고 생각해야지.

어쨌든 나리가 배우는 화학은 지구 위에서 사람이 다루는 상태에서의 일이니까, 탄소를 C_2라고 쓰면 가위표를 받게 되는 거야.」

「그런 것이구나. 그렇다면 지구 위의 화학, 태양의 화학, 우주 공간의 화학 등 따로따로 있다고 생각해야겠네.」

「따로따로라고 하면 전혀 다르게 생각되지만, 우주 속에 있는 물질을 구성하고 있는 원소는 같은 거야. 그러므로 그 원소의 원자가 각각의 조건 아래서 어떻게 반응하느냐는 것이 화학의 근본이라고 한다면, 화학은 어디서나 다를 수가 없는 거다. 단지 조건의 차이가 크기 때문에 구분하여 생각하는 게 편리한 거야. 그런 의미에서는 각각의 화학이 있다고 해도 좋겠지.」

「그건 그렇다고 치고, 어째서 우주 속에 존재하는 원소는 어디서나 같은 거야? 같다는 걸 알 수 있는 거야?」

「거 참, 나리를 상대하고 있으려면 끝이 없겠구나. 결국에는 화학 강의를 몽땅 시킬 셈이군.」

「좋지 뭐. 오빠도 기초화학의 복습이 될 테니까.」

「야, 요것 봐라! 선생님의 강의를 들어서 모르는 걸 나더러 보강하게할 속셈이군. 하지만 오늘 밤은 안 돼. 할 일이 많아.」

그래서 나리는 오빠의 방을 나와야 했다.

II. 우리는 우주의 파편 위에 있는 파편

1. 변화하기 쉬운 방향이 있다

「나리야, 오늘 저녁은 말이야….」

하며 철이 오빠가 갑자기 나리의 방에 들어왔다.

「아이 깜짝이야.」 나리는 무엇을 감추려다 책상 끝에 놓아두었던 컵이 굴러떨어지면서 박살이 났다. 그 속에 들어 있던 동전이 떼굴떼굴 굴러 방바닥에 흩어졌다.

「아이 오빠, 이게 뭐야? 남의 방에 들어올 때는 노크쯤은 해야 하잖아!」

나리는 일기장을 등 뒤에 숨기면서 성난 눈초리로 오빠를 노려보았다.

「아! 바로 이거다, 이거야.」

하며 오빠는 나리의 항의에는 아랑곳없이 흩어진 동전들을 보고 있었다.

「무엇이 이거다 이거야? 장승처럼 서 있지 말고 동전이나 주워줘.」

나리는 일기장을 책상 서랍 속에 집어넣고 웅크리고 앉아서 깨어진 유리 조각을 모으기 시작했다. 철이는 그것을 내려다보면서 이야기를 시작했다.

「그래, 컵이 책상 위에서 바닥으로 떨어졌다. 이것은 컵이 높은 곳에 있는 것보다 낮은 곳에 있는 게 안정하기 때문에, 높은 곳으로부터 낮은 곳으로 옮겨가려는 경향이 있다는 거다.

컵은 깨졌다. 깨지기는 쉽지만 이 깨진 조각들을 모아서 컵으로 만드는 건 쉬운 일이 아니야. 즉 깨지는 쪽이 일어나기 쉬운 방향이라는 거다. 컵 속에 들어 있던 동전이 바닥 위로 흩어졌다. 흩트리기는 쉬워도 주워 모으는 데는 제법 수고와 시간이 들거든.

이와 같이 물체는 높은 곳에 있는 것은 낮은 곳으로 떨어지려고 하고, 모여 있는 것은 흩어지려고 한다. 그와 반대로 낮은 곳에 있는 물체를 높은 곳으로 끌어 올리려면 뭔가 손을 써야 하고, 흩어진 것을 주워 모으는 데도 뭔가 손을 쓸 필요가 있단 말이야. 이것은 이 세계 속 물질의 존재 방식에 어떤 흐름이 있기 때문이야. 그 흐름에 따르는 방향으로는 변화하기 쉽지만, 흐름에 거역하는 방향의 변화는 힘든 것이란다.」

「그런 잠꼬대 같은 소리 하지 말고, 저기 저 책장 뒤로 들어가려는 동전이나 주워줘.」

「잠꼬대! 잠꼬대라니 무슨 소리야! 나리는 어제 나더러 화학 강의를 해달랬잖아?」

「그래, 그랬지. 하지만 동전이 흩어진 게, 화학하고 무슨 관계가 있어? 화학 이야기는 천천히 들을 거야.」

26

「아이고, 참 한심하군! 그러니까 화학도 모를 수밖에. 이것도 어제 네가 한 질문의 대답 중 하나야.」

「뭐라고? 하지만 동전이 든 컵을 깬 건 오빠가 계획적으로 한 것이 아니잖아?」

「그것은 내가 순간적으로 이용했을 뿐이야. 조사한 것만을 앵무새처럼 말하는 건 서투른 선생님이나 하는 짓이란 말이다. 에헴!

알겠니? 잘 들어봐. 우주 속에 있는 물질의 변화 방향에는 하나의 흐름이 있는 거다.

수소가 타서, 즉 산소와 화합해서 물이 되는 방향은 흐름에 따르는 방향이므로, 불을 붙여주면 순간적으로 반응한다. 그러나 반대로 물을 분해하여 수소를 만드는 건 쉬운 일이 아니야. 불이 나면 우리집은 30분이면 모두 타버려. 그러나 이 기둥은 이 정도의 나무로까지 생장하는 데는 적어도 50년은 걸렸겠지. 즉 타는 것은 흐름에 따르는 방향이기 때문이야.

복잡한 것은 부서져서 간단한 것이 되기 쉽고, 뜨거운 것은 식어서 차갑게 되지. 태양도 언젠가는 열을 잃고 죽음의 천체가 되며 지구 위의 인류도 언젠가는 멸망해. 이 같은 흐름의 방향을 **엔트로피가 증대하는 방향**이라든가, 간단히 **무질서가 증대하는 방향**이라고 말하는 거다.」

「무질서가 증대한다고? 동전이 흩어지는 것은 알겠지만, 물체가 타는 것이 어째서 무질서를 증대하는 거야? 흩어져 있는 쓰레기를 쓸어모아서 태우면 깨끗하게 치워지잖아?」

「모은다는 것은 사람의 손이 보태져서 하는 일이기 때문에, 흐름의 방향과는 반대로 변화하게 하는 일이잖니. 타고 남은 재를 보면 확실히 쓰레기 때보다는 작아져서 무질서의 정도가 줄어든 것처럼 보이겠지? 하지만 연기가 되어 대기 속으로 흩어진 부분을 생각해 보렴. 이젠 끌어모으려 해도 모을 수가 없을 정도로 무질서가 증대했다고 말할 수 있잖니.」

「음…, 그렇구나.」

「그렇지만 반대 방향의 흐름이 없는 건 아니야. 방금 타서 연기가 되어 대기 속으로 흩어진 부분은, 이미 끌어모으려 해도 모을 수 없을 정도라고 했지만, 그건 사람이 짧은 시간 동안에는 하기 어렵다는 뜻이야.

지금, 연기 속에 들어 있는 이산화탄소와 물을 생각해 볼까? 나리도 생물학에서 배웠듯이, 식물은 광합성에 의하여 공기 속의 이산화탄소와 물로부터 셀룰로오스를 만들고 또 나무를 만들잖니.」

이건 간단한 것으로부터 복잡한 것을 만드는 방향이고 무질서가 감소하는 방향이야. 창조의 방향이라고도 말할 수 있겠지. 창조는 파괴보다 어렵지만, 이 세계를 큰 안목으로 보면 창조도 충분히 이루어지고 있는 거야.」

「그건 그래. 사람도 자연을 파괴하는 한편, 새로운 도로나 집을 만들고 있는걸.」

2. 태초에 빛이 있었다

「들어오자마자 컵을 깨뜨리는 바람에 이야기가 변화의 방향이라는 것으로 바뀌어버렸는데, 자 그럼 어제 나리가 질문한 문제에 대답하기로 하지. 이 넓은 우주 속에 있는 원소가 어째서 모두 같냐는 질문이었지?

과연 우주는 넓지. 지구와 제일 가까운 항성이라 할지라도 빛의 속도로 날아가면 4년이나 걸리니까 말이다. 공상과학소설의 세계에서는, SL이 공간을 달려가서 안드로메다 성운까지도 갈 수가 있지만, 안드로메다 성운은 빛의 속도로 달려가도 200만 년이나 걸리는 먼 곳에 있단다. 그러나 이 안드로메다 성운도, 성운 중에서는 우리와 아주 가까운 이웃에 있는 성운에 속하는 것이야. 수억 광년이나 걸리는 먼 곳에도 성운들이 많이 있다는 건 잘 알고 있겠지. 그렇게 먼 곳에 있는 성운 속의 수소나 지구 위의 수소가 같다는 건 확실히 신기한 일이야. 똑같아 보이지만 나란히 놓고 보면, 이건 지구 수소이고 저건 안드로메다 수소이다 라는 식으로 구별하지 않으면 안 될 것 같은 생각이 들잖니?

그런데 말이다. 오늘날의 과학은 지구 위의 수소나 안드로메다의 수소나, 또 수억 광년이나 떨어진 성운 속의 수소나 모두 같다고 하고 있거든.」

「하고 있다니, 그런 가정 위에 서 있다는 거야?」

「아니, 그런 게 아니야. 공상과학소설과는 달라서 과학은 실제로 증명이 없어서는 안 돼.」

「그렇게 멀리 있는 수소를 가져와서 조사한 건 아니잖아?」

「그야 물론 가져와서 조사한 건 아니야. 가져와서 조사한 건, 현재로는 달에 있는 암석뿐이겠지. 어…, 이야기가 복잡해지니까 그걸 조사하는 방법은 잠시 덮어두자꾸나.

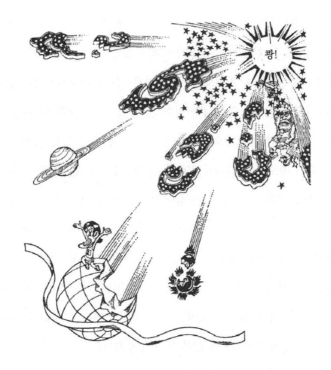

그림 2-1 | 우리는 우주의 파편 위에 파편으로써 이루어진 존재

그 대신 이런 것부터 생각해 보기로 하자. 분명히 우리 인간의 수준에서 볼 때 우주는 무한히 넓어. 우리가 속해 있는 은하계와 안드로메다 성운과는 별개의 세계야. 그러나 우주 전체를 생각하면 이건 하나의 세계이지 다른 우주가 아니란 말이다.

그렇지. 나리는 성서에 우주의 시작에 관해서 "태초에 빛이 있었느니라"라고 쓰여 있는 걸 알지. 그 우주의 출발은 단지 빛뿐이었다는 거야.

그런데 최근에 학자들도, 우주의 시작은 대폭발로부터 시작되었다고 생각하고 있단다. 그 대폭발 이전에는 무엇이었는지는 지금은 생각하지 않기로 하고, 현재 있는 이 우주의 출발은 '쾅' 하는 대폭발로 시작한 것 같다고 생각하고 있는 것이지. 성서에서 말하는 대로 태초에 빛이 있었느니라야. 그러나 성서에서 말하는 수천 년 전 따위가 아니라 수백억 년 전의 옛날인 것 같아. 최초로 폭발이 일어났을 때는 빛, 즉 에너지뿐이었지만 그 속에서부터 소립자가 생긴 거야.」

「소립자가 뭐야?」

「그건…, 화학의 입장에서는 물질을 구성하고 있는 단위가 되는 것은 원자라는 것이야.

마치 벽돌집이 벽돌이라는 기본단위를 쌓아 올려서 만들어지듯이 말이야. 그러나 잘 살펴보면 그 벽돌도 진흙 알갱이로 만들어져 있듯이, 원자도 보다 작은 기본이 되는 입자로서 이루어져 있다는 것을 알아냈지. 양성자(陽性子)라든가, 중성자(中性子), 전자(電子) 등이야. 이들 입자를 **소립자(素粒子)**라고 한단다. 최근에는 소립자도 많이 발견되었고, 다시 그 성분이 되는 입자를 생각하지 않으면 안 될 사정이 되었지만…. 아무튼 지금은 그 이야기는 덮어 두기로 하고, 아까 하던 이야기로 돌아가자.

대폭발 속에서 소립자가 생겼고, 그것들이 결합해서 가벼운 원자가 만들어진 거야. 수소원자가 대부분이고 그 밖에 헬륨원자 등이 있었다.

폭발로 확산해 나가는 수소나 헬륨기체 속 여기저기서 밀도가 진한 곳이 생기게 되고, 거기서 성운이 태어났지. 그 성운의 기체 덩어리 속에 보다 작은 덩어리가 많이 생겨 그것들이 별이 된 거야. 그래서 별의 성분은 대부분이 수소이고, 이들 수소는 자기 자신의 중력으로 점점 수축해서 그 압력으로 중심 부분은 고온으로 되어 가는 거란다. 이윽고 그 중심부의 온도가 수천만 도가 되자 수소원자로부터 헬륨원자가 생성되는 반응이 일어났고, 그 열로써 별이 본격적으로 반짝이기 시작한 거야. 태양도 이와 같은 반응으로 생기는 빛을 지구로 보내주고 있는 거란다.

그러는 동안에 수소가 점점 줄어들자 별 내부에서도 좀 더 무거운 원자가 만들어지게 된단다. 그리고」

「잠깐만! 가벼운 원자, 좀 더 무거운 원자라는 건 또 뭐야?」

「아 그것부터 먼저 설명해야겠구나. 지구 위에는 92종류의 원자가 있단다. 그중에서 제일 가벼운 게 수소이고, 제일 무거운 게 우라늄이야. 그렇지, 원자의 구조도 설명해야겠다. 우선은 원자의 무게만 비교해 보아도, 우라늄원자는 수소원자의 238배나 무겁단다. 간단히 말하면 우라늄원자는 수소원자 238개를 뭉쳐 놓은 거와 같은 것이야. 이와 같이 원자 중에도 가볍고 단순한 것에서부터 무겁고 복잡한 게 있단다. 그래서 이것들을 크게 나누어서 가벼운 원자, 중간 정도의 원자, 무거운 원자라고 부르는 거야.

자, 그래서 별 속에서 점점 무거운 원자가 생겨 별의 중심부에 쌓이게 되면, 열을 내는 반응을 일으키는 층이 중심으로부터 바깥쪽으로 이동해 가는 거야. 그러면 중심부는 더욱 고온이 되고 더 무거운 원자핵이 만들어져. 그러는 동안에 바깥쪽에 있는 수소가 열을 내는 반응을 하고 있는 층으로 흘러들거나 하는 데서 별이 폭발하는 경우가 있단다. 이 폭발의 원인에 대해서는 아직 모르는 사실이 많지만, 어쨌든 그 대폭발 속에서 더욱더 무거운 원소의 원자가 만들어지고, 생성된 원자는 우주 속으로 흩날리는 거야. 그 기체 속에서 또 새로운 별이 탄생하지. 이렇게 해서 생긴 2대째 별은, 1대째 별보다 무거운 원자를 많이 포함하게 될 게 아니니. 그러므로 지구와 같이 무거운 원자를 많이 가진 행성을 갖는 태양은, 적어도 2대째 이후에 생긴 별이라고 할 수 있을 거야.」

「그럼, 지구는 어느 별이 폭발하는 속에서 생긴 거란 말이야?」

「폭발에 의해서 생긴 원자가 모여서 만들어졌다고 말할 수 있지.」

「참, 재미있네.」

「재미는 있지만, 별 세계에 관한 이야기는 이제 그만 하고, 화학에 관계된 원자 이야기를 하자꾸나.

자, 그럼 지금까지 공부한 것을 정리하면, 최초의 대폭발로

      에너지(빛) → 소립자

      소립자 → 수소원자나 헬륨원자

라는 물질이 창조되었다.

다음에는 별 속에서

      수소원자 → 헬륨원자 → 중간 정도의 무게를 가진 원자

가 되고, 신성(新星)의 폭발 속에서

      중간 정도 무게의 원자 → 무거운 원자

라는 순서로 창조되었다고 말할 수 있겠지.」

「폭발이라고 하는 파괴되는 방향의 흐름 속에서, 반대로 창조가 이루

어지고 있다는 것이잖아?」

「그래 그게 재미있는 점이야. 창조의 방향의 반응은 에너지를 필요로 하기 때문에, 보다 큰 에너지가 발생하는 파괴 속에서 이루어진다고나 할까. 에너지에 관한 것도 설명해야겠지만, 지금은 물질 창조의 흐름에 대해서 좀 더 생각해 보기로 하자.」

3. 변하고 변해서 사람으로까지

「자, 우주의 끊임없는 변화 속에서, 몇 대째인가의 별로서 태양계가 생기기 시작한 거다. 그 거대한 원시 태양계의 가스구름 속은 아직도 수소가 대부분을 차지하고 있었지만 무거운 원자도 있었다. 이것들이 모이는 과정에서 원자와 원자가 충돌하여 화합물이 생기기도 하는 거다.

예를 들면

수소원자 + 산소원자 → 물분자

수소원자 + 질소원자 → 암모니아분자

탄소원자 + 산소원자 → 이산화탄소분자

탄소원자 + 수소원자 → 메탄분자

등등이야. 그 밖에 암석의 성분이 되는 규소와 산소의 화합물도 생겨나 있었다.

그래서 원시 태양계의 가스구름 속에는, 이 화합물과 금속원자의 뭉치 등이 미립자가 되어서 섞여 있었겠지.

그 원시 태양계의 가스구름의 중심에서 태양이 생겨났고, 그 주위에 행성이 생긴 거야. 그 과정에서 매우 미묘한 경위로 태양에 가까운 곳에는, 무거운 미립자가 많이 모인 행성이 생겼고, 먼 곳에는 가벼운 미립자가 많이 모인 행성이 생겼다. 즉 지구나 금성과 같이 암석질의 행성과 목성이나 토성과 같은 밀도가 작은 행성인 거지. 그리고 바로 지구의 위치에 암석질로 되어 있고 물을 많이 가진, 게다가 그 이후의 물질 창조에 안성맞춤의 조건을 가진 별이 생긴 셈이다. 어때 알겠니?

우주 공간이나 원시태양계의 가스 속에서

원자 → 간단한 화합물

로의 물질의 창조가 진행되었다. 그리고 지구 위에서

간단한 화합물 → 복잡한 화합물 → 생명을 지닌 화합물

로 진화하고, 다시

하등생물 → 고등생물 → 인간

의 진화가 이루어진 것을 알 수 있겠지.」

「음…. 그랬군. 지금까지 진화라고 하면 하등생물에서 고등생물로 진화하는 것만 생각했는데, 원자로부터 화합물, 그리고 생물까지도 연관시켜서 생각해 볼 수 있네.」

「그보다는 생물과 생물이 아닌 물질로 나누는 것이 아니라, 생명현상도 물질의 결합방법에서 나타나는 성질의 일종이라고 생각하면 어떻겠니.」

「그건 또 무슨 뜻이야?」

「예를 들면, 수소의 성질과 산소의 성질에는 어디를 보아도 물의 성질

이 없잖아? 그러나 수소와 산소가 화합해서 물이 되면 물만이 갖는 특유한 성질이 나타나거든. 그 물과 이산화탄소로부터 광합성에 의해서 포도당이 생성돼. 그러면 이미 물이나 이산화탄소의 성질과는 전혀 다른 성질이 나타나지 않니?

이런 식으로 진행하여 어떤 단백질을 중심으로 한 물질의 집합 속에, 생명현상이라는 특유한 성질이 나타난 것이라고 생각하면 어떠니?」

「음…, 그런 거군.」

「이윽고 더 복잡한 화합물의 집합체로서 차츰차츰 고등생물이 생기고 인간이라는 지적인 일을 할 수 있는 성질이 나타났다고 말이야.」

「그럼 앞으로 또 수만 년, 수십만 년으로 진화하면 초인간이랄까, 뭐 그런 특별한 성질을 지니는 생물도 생길 수 있다는 거야?」

「생각할 수 없는 일은 아니지. 인간이 진화창조의 최후의 것이라는 증거는 아무것도 없어. 인간을 최고급의 생물이라고 생각하는 건 인간의 잘난체하는 자만일 테니까 말이야.」

「그런 생물이 나타난다면, 지금 인간의 조상은 원숭이었다고 말하듯이, 그 생물은 아마 자기들의 조상은 인간이었다고 말할 거야.」

「아마 그럴 테지. 어쨌든 이것으로 이 우주 속에는 무질서성을 증대시킨다는, 일어나기 쉬운 변화의 방향과 그 반대로 무질서성을 줄이고 보다 질서 있는 것을 만드는 방향으로의 흐름이 있다는 걸 알았겠지.」

「응, 알았어.」

「그리고 인간이라는 물질의 집합은, 아마 이 진화창조의 흐름 속에서는 상당히 고등한 것이라고 생각해도 될 거다. 그 인간의 자기중심적인 생각으로부터 본다면 이 대우주 속에서 최초의 대폭발로부터 시작해서 약 수백억 년 사이에 일어난 갖가지 변화는, 이 지구 위에 인간을 만들기 위한 조건을 만들기 위해서였다고 말할 수 있겠지.」

「아, 그래그래. 그 조건을 만드는 일을 계획적으로 한 사람이 있었다고 한다면 어떨까? 그가 바로 하나님일 거야.」

「그렇게 생각하고 싶다면 그래도 좋겠지. 하지만 그건 과학이 아니야. 지금은 과학 이야기를 하고 있으니까, 우주 창조의 흐름에 따라서 인간이 나타났다고 하자. 그렇기 때문에 이 우주 속에는 그 흐름에 따라서, 다른 별에도 인간과 비슷한 지적인 생물이 있을 가능성도 있는 셈이야.」

「아 그래. 우주인이 있을 가능성도 있겠지.」

「자, 그럼 이야기를 본론으로 돌리자. 그런 흐름을 우리 인간이 연구의 편의상 다음과 같이 분류하고 있다고 생각해 보면 어떨까.

에너지 → 소립자⋯⋯⋯소립자 물리학

소립자 → 원자⋯⋯⋯원자물리학 또는 핵화학

원자 → 화합물⋯⋯⋯화학

화합물을 주로 하는 물체의 움직임⋯⋯물리학

생명현상이 나타난 화합물에 대하여⋯⋯⋯생물학

대충 이렇게 나누어 보면, 지금 나리가 공부하려는 화학의 위치가 분

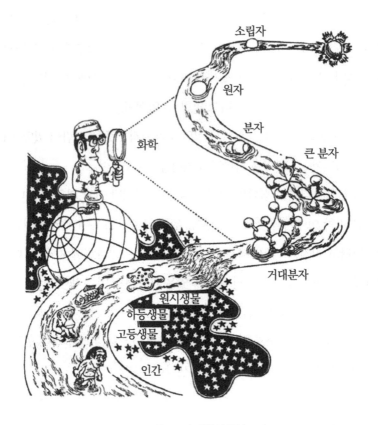

그림 2-2 | 화학의 영역

명해질 거야. 즉 원자의 집합과 흩어짐을 중심으로 한 물질의 학문이라고
말할 수 있겠지.」

　「그렇구나. 화학식을 외우거나 제조법이나 성질 등을 외우는 것만이
화학이 아니라는 걸 알아야 할 필요가 있다는 거지.」

　「그래, 맞았어. 너 자신을 알라. 자신이란 무엇일까? 인간이란 무엇일까? 그걸 생각하는 한 부분으로서 화학이 있다고 생각되지 않니?」

「음…, 그래 오빠. 과연 나보다 5년 먼저 이 세상에 태어난 만큼의 가치가 있다고 해줄게.」

「요놈 봐라!」

철이는 나리의 이마에 꿀밤을 먹였다. 이런 현상은 심리학의 대상이겠지만, 철이의 손에서는 화학변화가 일어나고 있고, 꿀밤을 먹이는 힘과 나리의 머리 움직임 사이에는 물리학의 법칙이 성립되고 있다고 할 것이다.

III. 원자 나라의 남신과 여신

1. 남신형 원자와 여신형 원자

「나리야, 일본열도가 어떻게 해서 생겼는지 아니?」

오빠가 히죽히죽 웃으면서 나리 방으로 들어왔다.

「왜, 오늘은 지학 이야기를 하려는 거야?」

「아니 그게 아니야. 일본의 건국신화에 이런 이야기가 있다는 거야. 들어보렴. 옛날에 일본에 남신(男神)과 여신(女神)이 하늘로부터 내려왔다는 거야. 남자 신이 말하기를, "사랑하는 아내여, 내 몸에는 한 가지 더 달린 것이 있다오." 그랬더니 여자 신이 "여보 그래요. 내 몸에는 한 가지 부족한 게 있는데요."라고 말했지. 그랬더니 남자 신이 "그러면 당신 몸의 그 부족한 곳에, 내 몸의 남은 걸 합쳐서 나라를 낳으면 어떻겠소." 하고 말했단다. 이렇게 해서 일본이라는 나라가 생겼다는 거야.」

「미워! 그런 이야기를 왜 일부러 내게 와서 하는 거야?」

「그렇게 노려보지 마. 나는 화학 이야기를 하려고 온 거야. 나도 들은 풍월이지만, 이 이야기는 창조의 원리를 아주 잘 표현하고 있단 말이야. 그래서 들려 주었을 뿐이야. 요전에 우주는 대폭발로서 시작되었고, 그 속에서 소립자로부터 가벼운 원자가 생겼다. 그리고 별 속에서 여러 가지 원자가 생겼다고 말했지. 그리고 화학은 이렇게 해서 생긴 원자들의 결합 방법에 대해서 공부했지. 오늘은 그 이야기를 하려는 거다.

자 이렇게 만들어진 원자는 다른 원자를 만나면 이렇게 말할 거야. "내 몸에는 하나 더 여분의 것이 있단다." 그러면 상대 원자가 "내 몸에는 좀 부족한 게 있는데"라고 하겠지. 그러면 서로 협력해서 화합물을 만들면 되겠네"라고….」

「또 능글맞게…, 원자가 그런 말을 한단 말이야.」

「얘 너는 괜히 능글맞다니 밉다니 하는데…, 어린이들이 갖고 노는 맞추기 장난감을 보렴. 그것도 서로 끼워 맞추게 되어 있잖니. 원자도 바로 그런 거야. 아주 교묘하게 되어 있거든. 나리는 요전에 하나님이라는 말

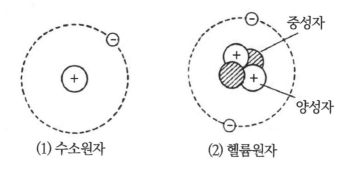

(1) 수소원자 　　　　 (2) 헬륨원자

그림 3-1 | 간단한 원자구조

을 했는데, 정말로 하나님과 같은 창조주가 있어서, 계획적으로 원자의 구조를 정한 것일까 하고 생각할 만큼 교묘하게 되어 있단다. 결코 우연의 산물이라고는 생각할 수 없을 정도야.

그래서 오늘은 그 원자의 구조부터 말할까 하고 왔는데, 능글맞다니 밉다니 하다니. 자, 군소리 말고 잘 들어봐.」

철이는 그러면서 갖고 온 그림을 펼쳤다(그림 3-1).

「응, 알았어. 미안해.」

나리는 겨우 공부를 할 진지한 얼굴을 했다.

「먼저 제일 간단한 수소원자부터 시작할까.

수소원자는 양성자라고 하는 (+)의 전기를 가진 소립자 1개와 (-)전기를 가진 전자라고 하는 소립자 1개로 이루어져 있단다. 양성자는 전자의 무게의 1,840배나 무겁고, 이 양성자의 주위를 전자가 돌고 있다고 생각하면 되겠지. 다만 지구 주위를 달이 돌고 있는 것과 같이 2개의 고체를 생각해서는 안 돼. 소립자의 세계는 인간의 눈으로 볼 수 있는 상식의 세계가 아닌 거다. 양성자 주위에 (-)전기를 띤 구름이 있다고 생각하면 될 거다. 그러나 이것들을 나타내는 그림에서는 모형적으로 지구 주위를 달이 돌아가듯이 그리지만 말이야. 자, 이렇게 말이다[그림 3-1(1)].」

「아, 이건 알아. 본 적 있어.」

「그래, 그럼 두 번째로 가벼운 원자인 헬륨원자는 양성자 2개와 중성자라고 하는 하전을 띠고 있지 않은 소립자 2개 모두 4개의 소립자가 원자핵을 구성하고 있단다. 양성자의 수가 2개이니까 양전하는 2야. 그래서 주위에 2개의 전자가 돌고 있단다[그림 3-1⑵].

　다음에 세 번째로 가벼운 것이 리튬원자다. 리튬원자는 양성자 3개와 중성자 4개로 원자핵을 만들고 있고, 3개의 전자가 핵 주위를 돌고 있는데, 이 3개의 전자는 같은 구면을 돌고 있지 않아. 원자핵에 제일 가까운 전자가 도는 구면, 이걸 전자껍질이라고 하는데, 여기에는 2개의 전자만이 돌 수 있는 거다. 그래서 세 번째 전자는 한 껍질 더 바깥쪽을 돌고 있는 거다. 즉 리튬원자의 전자껍질은 2중 구조로 되어 있는 거야(그림 3-2).

　비유한다면 수소원자나 헬륨원자는 피망과 같고, 리튬을 비롯해서 그 다음의 원자들은 배나 사과처럼 속 주위의 살과 껍질로 2중 구조를 가진 거야.」

　「왜 2개 이상의 전자가 같은 전자껍질을 들 수 없는 거야?」

　「응, 지금은 우선 그렇다고만 알아두면 돼. 그러나 이 한 전자껍질에 들어갈 수 있는 전자의 수에 제한이 있다는 게 원자와 원자가 결합하는 데 매우 편리하게 되어 있는 점이야. 조화(造化)의 묘라고 할까, 우연치고는 너무 교묘하게 되어 있단 말이야. 아무튼 다음으로 넘어가자. 네 번째로 가벼운 원자는 베릴륨인데, 지금부터는 중성자의 수는 생략하고 양성자의 수, 즉 양전하의 수만 적을게. 즉, 전자는 안쪽 껍질에 2개, 바깥쪽 껍질에 2개, 모두 4개의 전자가 돌고 있는 거다.

　다음은 다섯 번째의 붕소다. 양전하는 5개, 따라서 전자도 5개, 안쪽 껍질에 2개, 바깥쪽 껍질에 3개야. 다음은 여섯 번째의 탄소.」

　「잠깐만. 그렇다면 가벼운 원자부터 차례로 배열해서 번호를 붙이면,

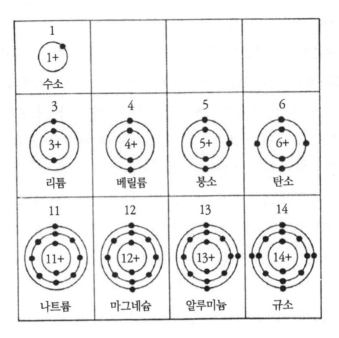

그림 3-2 | 원자의 전자배치

그 번호와 같은 수만큼의 양성자가 있고, 따라서 그 번호와 같은 수만큼
의 전자가 돌아가고 있다는 게 되는 거야?」

「아, 과연 내 동생이야. 참 좋은 점에 착안했어. 바로 그대로야.」

「하지만 이상해. 더 복잡한 원자에서는 가벼운 차례와 양성자의 수가
다른 것이 있어도 될 법하잖아. 그렇지 않다는 건 너무 잘 돼 있는걸.」

「그래, 바로 네 말대로야. 지나칠 정도로 교묘하게 되어 있지만 원자구
조의 복잡도가 늘어나는 차례와 양성자의 수와는 똑같단다.

하기는 양성자가 한 개씩 더해짐으로써 복잡도가 차례로 증가한 원자

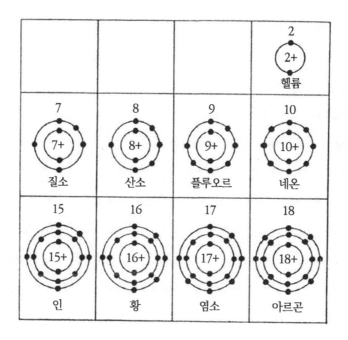

가 만들어진다고 본다면, 기가 막히게 잘 되어 있다고 해도 당연한 일이 지만 말이야.

그래서 원자핵 속에 있는 양성자의 수, 즉 바깥을 돌고 있는 전자의 수 를 그 원자의 **원자번호**라고 부르는 거야.

같은 번호라도 출석번호 등은 반이 달라지면 달라지고, 성적 순위도 시험 때마다 변화하는, 말하자면 일시적인 것이야.

그런데 원자번호는 그 원자의 구조와 결부된 절대적인 것이야.」

「듣고 보니 그런데 오빠. 어떻게 중간에서 건너뛰지도 않고 차례대로 잘 이어졌을까?」

「그래, 잘 되어 있는 게 또 하나 있지. 이 그림(그림 3-2)을 보렴. 원자 번호가 6, 7, 8, 9, 10으로 나가서, 탄소, 질소, 산소, 플루오르, 네온 여기까지는 좋아.」

「좋다니 무엇이? 아 그렇지도 않은데, 여기 봐. 헬륨에서부터 리튬이 될 때는 전자껍질이 2개로 만원이라 해서 바깥쪽 껍질에 들어갔는데, 어째서 이 줄(껍질)에서는 이렇게 많은 전자가 들어갈 수 있는 거야?」

「그래, 바로 그 점이란다. 전자껍질을 안쪽으로부터 1번, 2번, 이렇게 번호를 붙이면 1번째 껍질에는 전자가 2개 들어가면 만원이 되지만, 2번째 껍질에는 8개까지 들어갈 수 있단다. 그래서 원자번호 10인 네온에서, 2번째의 껍질이 만원이 되어, 11번째인 나트륨은 3번째의 껍질에 1개의 전자가 들어가게 되는 거야.」

「어째서, 어떻게 해서 8개라는 수가 나온 거야?」

「글쎄, 그걸 어떻게 설명해야 할까. 나리가 지금 배우고 있는 화학은 초등학교 수준이라고 할 수 있지. 그 위에 중학교, 고등학교가 있으니까… 어째서 8이라는 수가 나오는가는 고등학교나 대학교 정도가 되어야 설명할 수 있는 거야. 지금은 처음부터 그렇게 만들어졌으니까 그렇다고 생각해 두렴.」

「오빠! 슬쩍 넘어가려는 거 아니야?」

「어쨌건 서두를 건 없어. 그러니까 다음으로 나가자. 나트륨 다음은 12번째인 마그네슘 원자다. 이건 3번째 껍질에 2개의 전자가 들어 있다. 다음의 13번인 알루미늄, 14번의 규소, 15번의 인, 16번의 황, 17번의 염소, 18번의 아르곤 차례로 3번째 껍질의 전자가 1개씩 증가하여 아르곤에서 8개가 되는 거다. 여기서 3번째 껍질은 만원이 되고, 19번째인 칼슘은 4번째의 껍질에 전자 1개가 들어가게 되는 거란다.

　이 그림에서는 여기서 끝나지만, 그다음에 오는 원자들도 같은 방법으로 점점 바깥쪽 껍질이 불어난다고 생각해 둬. 솔직히 말하면 이 다음부터는 좀 더 복잡한 사정이 있는데, 원자가 왜 결합하는지를 생각하는 데는 여기까지만 알면 되니까 그다음은 나중에 공부하기로 하자.」

　「오빠, 어물쩍 넘어가려는 건 아니겠지? 하지만 어려워서 뭐가 뭔지 모르는 것보다야 나을 테니까 그대로 믿기로 할게.」

　「그래…. 그럼 다시 한번 이 그림을 보렴. 이 그림에서 세로로 늘어선 원자들을 보면, 바깥쪽 껍질이 비슷한 데가 있는 걸 알 수 있을 거야. 즉 수소, 리튬, 나트륨은 완성된 자기 몸을 보았을 때, 여분의 전자 1개가 있다는 "남신형"이라는 걸 알 수 있을 거야. 한편 오른쪽에서부터 두 번째 줄의 플루오르와 염소를 보면, 전자 1개가 부족한 "여신형"인 것을 알 수 있을 거고.」

　「아이 또 그런 소리….」

　「쓸데없는 생각 말고 잘 듣기나 해. 왼쪽으로부터 두 번째 줄의 베릴륨과 마그네슘은 여분의 전자가 2개 있지. 반대로 산소와 황은 2개가 부족하잖니? 그리고 중간에 있는 탄소와 규소의 줄에서는 4개가 남는다고도 할 수 있고, 부족하다고도 할 수 있고 말이야.」

　「그럼, 제일 오른쪽에 있는 헬륨, 네온, 아르곤은 과부족도 없는 원자란 말이야?」

「그래그래. 바로 그 점이 중요한 점이란다.」

2. 부족한 원자끼리는 한 무리
― 원자의 결합방법 1 ―

「만일 남신과 여신의 두 신이 모두 완성된 자기 몸을 보았을 때, 완전 무결하여 전혀 과부족이 없었다고 한다면, 과부족을 서로 보충해서 새로운 일본이란 나라를 만드는 일은 없었을 거야. "아니, 괜찮아요." 하고 서로 스쳐 지나갔겠지.

원자도 바로 그런 거야. 헬륨원자나 네온원자는 출퇴근 시간의 전철역처럼 혼잡한 원자들의 무리 속에 두어도, 절대로 다른 원자와 반응하질 않아. 그래서 헬륨은 He로밖에는 나타낼 수 없는 거야.」

「완전히 고독한 사람인 셈이네. 아 쓸쓸해라.」

「잠깐. 고독하다느니 쓸쓸하다느니 하는 발상은, 이미 상대를 찾았지만 찾지 못하는 욕구불만이 바닥에 깔려 있을 때의 일이야. 그런 뜻이라면 우주 공간에서 다른 원자와 만나는 일도 없이 방황하고 있는 H원자와 같은 건 쓸쓸하고 고독한 존재라고 할 수 있겠지.

그렇지가 않고 헬륨이나 네온원자들은 쓸쓸하지 않은 고독, 만족한 고독이라고 표현할 수 있을 거야. 누구를 찾아 헤맬 필요도 없고 혼자서 살 수 있는 것이니까 말이야. 그래서 이 원자를 가리켜 비활성기체라고 부른

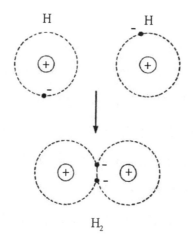

그림 3-3 | 두 개의 전자를 공유함으로써 안정되는 수소원자

단다. 다른 원자와 반응하는 일이 없기 때문에 절대 안전하지. 헬륨은 가볍기도 해서 기구에 사용하기도 해.

이 비활성기체 이외의 원자는 다른 원자와 접촉하면 결합해서, 전자껍질의 구조를 가능한 한 비활성기체와 같게 만들려고 한단다. 이렇게 해서 비활성기체의 구조가 되면 안정하게 되는 거야. 이게 화합물의 비밀인 거다.

예를 들어, 지금 우주 공간에 H원자 1개가 고독한 여행을 하고 있었다고 해. 이 상태를 화학식으로 나타내면 H가 되겠지. 이것이 떠돌아다니다 다른 1개의 H와 만났다고 하자. 그러면 서로 자기 주위의 전자를 상대편 주위로도 돌게 해서, 2개의 전자를 공유하게 되어 전자껍질의 구조를 헬륨과 같은 모양으로 만드는 거다(그림 3-3).

반응식으로는

$$H + H \rightarrow H_2$$

이지. 여기서는 수소분자인 셈이야. 수소분자는 이미 안정된 상태이므로 웬만해서는 다른 것과 반응하질 않아. 그렇기 때문에 이 H_2를 대도시의 인구밀도만큼이나 복잡한 물질밀도를 가진 지구 위에서, 반응성이 큰 산소분자 O_2와 섞어 놓아도 상온에서는 안전한 거란다.」

「그럼 왜 점화하면 반응하는 거야?」

「너무 서두르지 마. 그건 차츰 이야기할 테니까. 지금은 원자의 결합방

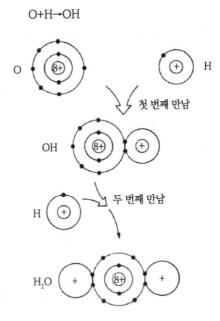

그림 3-4 | 우주 공간에서 물분자가 생성된다(공유결합)

법을 확실히 알아야 하니까. 자, 그럼 다시 처음으로 돌아가서 우주 공간에 고독한 H가 떠돌아다니고 있었다고 하자. 그리고 이번에는 O원자와 만났다고 해.

그러면 이렇게 결합하는 거다(〈그림 3-4〉의 위 절반).

식으로 나타내면

$$O + H \rightarrow OH$$

우주 공간에는 이렇게 해서 생긴 OH라는 분자가 꽤 있는 셈이지.

자, 이 OH의 전자구조도를 잘 보렴. 수소의 원자핵 주위에는 분명히 2개의 전자가 있으므로 만족한 상태가 되어 있잖니. 그러나 산소의 원자핵 주위에서는 바깥쪽 껍질에 7개의 전자가 돌고 있지. 2번째 껍질에는 8개의 전자가 들어가면 만원이 되고 안정하게 된다고 그랬으니까, OH의 결합만으로는 H 쪽은 만족이지만 O 쪽은 아직 만족하지 못한 상태인 거야.」

「아직도 내 몸에는 부족한 게 있다는 셈이네.」

「하하하. 그래. 나라를 만든 신의 경우에는 과부족 1개씩이면 좋지만, 원자인 경우에는 반드시 과부족이 1개만이라고는 할 수 없단다.

그래서 OH는 다시 고독한 여행을 계속하게 돼. 그리하여 가까스로 다음번의 H와 만나서 결합하게 되는 거야(〈그림 3-4〉 아래 그림).

이것을 식으로 쓰면

$$OH + H \rightarrow H_2O$$

가 되겠지. 자, 그림을 잘 봐. 이렇게 되면 양쪽의 H 주위에는 전자가 2개씩, 그리고 O 주위의 전자수는 8개가 되므로 셋이 모두 만족한 셈이지.

H_2O는 물이야. 물이 매우 안정된 물질이라는 건 잘 알겠지.」

「응, 그래. 전자를 함께 가짐으로써 어느 쪽도 다 자기 주위에 과부족이 없는 기분이 되는 거로군.」

「그래, 인간적인 표현을 빌리면 그런 거지. 그러므로 당신 없이는 못살아 하고 단단히 결합해 있게 되는 거란다.

이와 같이 전자 1개씩을 서로 내놓아 한 쌍의 전자를 공유함으로써, 원자와 원자가 결합하는 방법을 **공유결합**이라고 하는 거다. 공유하는 전자는 2쌍, 3쌍일 때도 있지.

지구 위에서와 같은 인구밀도 아닌 물질밀도 속에서는, 여하튼 안정한 안정상태가 될 때까지 반응이 진행되기 때문에, 예를 들면 OH와 같은 어정쩡한 화합물은 없다고 생각해도 돼. 그러나 우주 공간에는 있을 수도 있는 셈이야.

실제로 우주 공간에서는 OH, 즉 히드록실기 이외에도 메틴(CH), 시안기(CN), 암모니아(NH_3) 등 여러 가지 화합물이 존재한다는 사실이 확인되어 있어. 그중에는 우리가 들어보지도 못한 것도 있지만, 메틸알코올과 같이 잘 알려진 것도 있고.」

「알코올이 어째서 우주 공간에 있을까?」

「응, 그건 우리가 지구에서 메틸알코올(CH_3OH)을 만드는 데는, 일산화탄소와 수소기체를 혼합해서 300~400℃, 200기압이라는 고온·고압 아래서 촉매를 써서 합성하는데, 우주 공간에도 분명히 일산화탄소와 수소가 있기는 하지만 200기압이라는 과밀상태는 도저히 우주에서는 상상할 수 없단 말이야. 그래서 우주 공간에서는 지구에서와 같은 과정으로 메틸 알코올이 만들어진다고는 생각할 수 없는 거야. 이건 내 추측이지만, 메틴과 히드록실기가 만나고 거기에 수소가 충돌해서 생성되었을 거라고 생각하는 게 좋을 거야.」

「아, 그래 이제 알았어. 목성에는 암모니아가 있다고 들었을 때 어떻게 해서 암모니아 같은 게 생겼을까 싶었는데, 지구 위에서 암모니아를 만드는 것과 똑같이 생각하지 않아도 되겠네.」

「그래. 원시 태양계의 기체 속에는 질소원자와 수소원자의 충돌로 직접 만들어진 암모니아 분자가 상당히 많이 있었을 거야.

요는 우주 공간과 같이 물질이 서로 만날 기회가 적은 곳에서는 어중간한 불안정한 반쪽 화합물이 꽤 오랜 시간 존재하는 거야. 그래서 보통 지구 위에서는 볼 수 없는 이름을 가진 것들이 있게 되는 거란다. 그러나 지구에서와 같이 과밀한 세계에서는, 대체로 반응이 끝까지 진행되어 안정된 화합물로 되어 있는 거라고 생각하면 될 거야.」

「응, 알았어. 다시 말해서 지구 위에서는 원자가 어떤 상대와 전자를 공유해서 안정된 화합물로 되어 있다는 거지.」

3. "줄게" "받을게" 하며 함께
― 원자의 결합방법 2 ―

「잠깐, 전자를 공유하지 않는 방법으로 화합물이 만들어지는 경우도 있단다. 아마 이런 방법이 남신과 여신 식의 결합일지도 몰라.

공유한다는 것은 전자를 필요로 하는 정도와 필요로 하지 않는 정도가 서로 비슷한 정도일 때를 말하는 거야. 만일 한쪽은 필요가 없다고 하는데, 다른 한쪽에서는 꼭 필요하다고 할 때, 이런 때는 공유가 아니라 주고받기가 될 거라고 생각되지 않겠어?

그렇다면 우리 주위에 있는 소금, 즉 염화나트륨을 생각해 볼까. 염화나트륨은 나트륨과 염소의 화합물이야. 그럼, 다시 앞 그림(그림 3-2)을 보기로 하자.

나트륨은 원자번호 11번째의 원자이니까, 이 그림과 같이 안으로부터 첫 번째, 두 번째 껍질은 만원이고, 세 번째 껍질에 전자 1개가 있지. 그리고 염소는 17번째로서 마찬가지로 첫 번째, 두 번째 껍질은 만원이고, 세

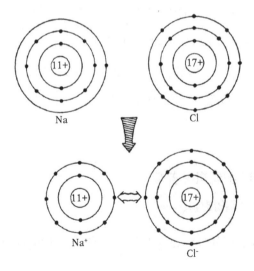

그림 3-5 | 이온결합을 한 소금

번째 껍질에 7개의 전자가 있으므로 나머지 1개의 전자가 더 있으면 만원이야. 즉 전자가 1개 부족한 원자야. 이것들을 따로 배열하여 그려볼까(그림 3-5). 자 여기서 보면 나트륨은 1개가 여분으로 있는 원자, 염소는 1개가 부족한 원자, 그러니까 바로 남신과 여신이 만난 게 아니겠니? 그래서 "하나를 드릴까요" "네, 받겠어요" 하면서 공유가 아닌, 주고받기를 하게 되는 거지. 그러면 〈그림 3-6〉과 같이 나트륨원자는, 한 둘레 작은 두 번째 껍질에서 만원이 되어 안정하게 되고, 염소는 세 번째 껍질에서 만원이 되어 안정된 구조를 갖게 되는 거야. 그런데 나트륨은 (-)전하를 1개 잃었기 때문에 전체로서는 (+)전하를 1개 갖게 되는 거지. 즉

$$Na - e^- \rightarrow Na^+$$

인 거야. 여기서 e^-는 전자를 말하는 거다. 그리고 원자가 전하를 갖게 되면 이온이라고 이름이 바뀌지. 그래서 Na^+는 나트륨이온이라고 부르는 거다.

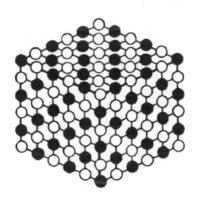

그림 3-6 | 염화나트륨(소금)의 결정

한편, 염소원자는 전자를 얻었으니까

$$Cl + e^- \rightarrow Cl^-$$

로 (-)전하를 띤 염소이온이 된단다.」

「튀어나온 곳이나 들어간 곳이 없어진 대신 전기를 띠게 된단 말이군.」

「그래 맞았어. 옛날에 어느 효성이 지극한 벼슬아치가 있었는데, 하루는 나라의 중대한 사명을 띠고 먼 나라로 떠나게 되었지. 그때 이 사람은 늙은 부모님을 두고 떠나는 게 가슴 아파서 고민을 했다는 이야기가 있어. "나라에 충성을 하려니 불효가 되고, 부모에게 효도를 하려니 불충이 되겠구나"라고 말이야. 원자도 비활성기체인 원자 이외에는 "중성으로 있으려니 구(球)가 될 수 없고, 구가 되려니 중성을 지키지 못한다"라는 궁지에 처하게 된단 말이야.

그리고 나트륨원자는 나트륨이온이 되고, 염소원자는 염소이온이 되어서 (+)와 (-)의 전기적 인력에 의해 떨어지지 않고 결합되어 있는 거란다. 이런 결합을 **이온결합**이라고 하지.」

「(+), (-)전기가 서로 잡아당겨서 결합하는 방법이, 전자껍질의 전자를 공유하여 결합한다는 방법보다 더 이해하기 쉬운데.」

「그래. 그렇지만 공유결합 쪽이 결합방법으로는 강하다고 말할 수 있는 거다. 1개의 원자가 이온이 된 경우, 전기를 띤 구(球)라고 생각할 수 있으니까 결합하는 데는 일정한 방향이 없는 거야. 1개의 (+)이온 주위에는 상하, 좌우, 전후로 모두 6개의 (-)이온을 끌어당길 수가 있어. 또 그 (-)이온도 6개의 (+)이온을 자기 주위로 끌어당길 수가 있지. 그래서 염화나트륨의 결정 속에서는 〈그림 3-6〉과 같이 수많은 나트륨이온과 염소이온이 하나 건너씩 배열되어 있는 거란다.

말하자면 나리 반에서 비교적 뜻이 맞는 남자친구가 5~6명이 있다고 해도, 반에 있는 남학생 전체가 넓은 의미에서는 남자친구라고 할 수 있을 거야. 특별히 이 아이여야 한다는 그런 교제는 없잖니? 하지만 어머니의 상대는 아버지로 정해져 있잖아.

이온결합은 나리 반의 남자친구와 같은 것이고, 공유결합은 부부처럼 상대가 분명히 정해져 있는 거란다. 즉, 물속에서 H—O—H로 결합되어 있으면, 다른 수소원자가 가까이 와도 그들 사이에는 결합이 이루어지지 않는다는 거야. 그래서 물에는 확실히 H_2O라는 분자가 있는 거지. 그러므로 한 컵의 물이 있고 그 속에 n개의 분자가 있으면, 한 컵의 물은

$$nH_2O$$

로서 나타내지고, 이것을 대표해서 물은 H_2O라고 쓰는 거란다. 그러나 염화나트륨에는 NaCl이라는 분자는 없어. 한 알갱이의 염화나트륨 결정이 있고, 그 결정 속에 n개의 Na^+와 n개의 Cl^-이 있으니까

$$(NaCl)n$$

이라고 나타내게 되고, 이것을 대표해서 염화나트륨은 NaCl이라고 하지만, 이건 분자가 아니고 원소의 결합비를 가리킬 뿐이야. 그러므로

H_2O는 분자식이지만

NaCl은 조성식(組成式)이라고 한단다.」

「아이참, 난 여태까지 같은 거로 생각하고 있었는데.」

특정 상대가 없다 = 이온결합 클래스

상대가 일정하다 = 공유결합 클래스

그림 3-7 | 이온결합과 공유결합

「같이 쓰이기는 하지만 정확하게는 다르다는 걸 잊지 마.」

「하지만 이것은 이온결합, 저것은 공유결합이라는 걸 어떻게 구별하면 되지?」

「그건 어렵지. 실제로 화합물은 이건 완전히 공유결합이고 저건 완전히 이온결합이라고 뚜렷한 구별은 없어. 전자가 한쪽에서 다른 쪽으로 완전히 옮겨갔으면 100% 이온결합이고, 꼭 중간에 있으면 100% 공유결합이라고 할 수 있겠지만 실제는 그 중간결합을 하는 것이 많이 있단다.

실험적으로는 물에 녹여서 전기를 통해 보면 알 수 있지.

이간질한다는 말이 있잖니? 사이가 좋았던 친구 사이가 이간질을 당해서 멀어졌다는 경우, 정말로 사이가 좋은 친구라면 이간질하는 사람이 있어도 사이가 멀어지지는 않는 거지. 이간질을 당한다는 건 우정의 시금석이라고도 할 수 있을 거야. 화학결합의 경우도 마찬가지란다. 물의 특성을 예로 들면 물은 이온결합을 약화시키는 힘이 있어. 그래서 소금을 물에 녹이면 Na^+와 Cl^-이 물속을 자유로이 돌아다니게 돼. 이런 현상을 **이온화**라고 한단다. 즉 이런 식으로 나타내게 되지.

$$NaCl \rightarrow Na^+ + Cl^-$$

이 자유로이 움직일 수 있게 된 Na^+나 Cl^-이 전기를 운반하는 역할을 하기 때문에 전류를 통과하게 되는 거야. 공유결합에서는 그런 현상이 일어나지 않아. 예를 들면 설탕 수용액은 전류를 통하지 않거든. 즉 설탕 속에는 이온결합을 하는 부분이 없는 셈이지.」

「그럼 실험을 통해서 쉽게 구별할 수 있겠네.」

「그렇게 쉽게 단정하지 마. 물에 녹지 않는 화합물도 있으니까.」

「그렇지.」

「물에 녹아서 전류를 통하는 화합물을 **전해질**이라 하고, 그렇지 않은 걸 **비전해질**이라고 한단다.」

「그럼, 전해질 속에는 이온결합이 있단 말이네.」

「그렇다고 볼 수 있지. 여기서는 〈그림 3-2〉에 실린 그다음 원자를 생각해 보기로 하자.」

4. 원자의 호적 ―주기율표―

「원소를 원자번호의 차례로 훑어 내려갈 것 같으면 3번째의 리튬으로부터 10번째의 네온까지 점점 성질이 다른 원소가 이어지고, 11번째에서는 다시 리튬을 닮은, 최외각 전자껍질에 전자 1개가 있는 나트륨이 있다. 그리고 다시 또 여덟 번을 계속 지나가면 19번째의 칼륨에서는 나트륨과 구조가 비슷한 원소가 나오게 되는 거다. 이와 같이 주기적으로 성질이 닮은 원소가 오게 되는데, 이것을 원소의 **주기율**이라고 한단다. 이런 사실이 발견된 건 아직 원자구조에 대한 아무 지식도 없었을 때의 일이야. 이 주기율로부터 거꾸로 원자의 구조에는 주기적인 성질이 있는 것이 아닌가 하는 생각을 하게 되었던 거야. 이 주기율을 좇아서 모든 원소를 차례로 배열한 게 **주기율표**라는 거야. 화학 교과서를 보면 표지에는 반드시 주기율표가 나와 있단다.」

「아, 이거군.」

나리는 교과서의 표지 뒤쪽을 펼쳤다.

「응, 그래. 이 표의 위에서부터 세 줄까지의 원자의 전자배치를 〈그림 3-2〉에 보여 둔 거야. 이 표의 가로줄을 주기라고 하며, 제1주기에는 H와 He만이 들어 있고, 제2주기에는 리튬으로부터 네온까지, 제3주기에는 나트륨으로부터 아르곤까지…. 이런 식으로 원소가 배열되어 있단다.」

「아, 그럼 주기라는 건 전자껍질의 수와는 같지 않다는 거야? 제1주기라는 건 첫 번째 전자껍질에 전자가 들어 있는 원소라는 것이잖아? 첫 번째의 전자껍질에는 전자가 2개밖에 들어갈 수 없으니까 여기에 속하는 건

H와 He뿐이고, 제2주기는 두 번째의 전자껍질에 전자가 있는 원소로, 여기에는 모두 8개의 전자가 들어갈 수 있으니까 3번째의 리튬으로부터 10번째의 네온까지 가속하게 된다는 거지?」

「그래 맞아. 바로 그런 거야. 제3주기에 있는 원소는 세 번째의 전자껍질에 전자가 1개에서부터 8개까지가 차례로 들어간단다. 즉 주기율이 생기는 원인은 원자의 최외각의 전자의 수가 주기적으로 1에서부터 8까지 증가하는 데 있는 거야.」

「하지만 제4주기부터는 두 줄로 되어 있는데, 그건 왜 그래?」

「사실은 거기서부터가 복잡하기 때문에 〈그림 3 - 2〉에서 제3주기까지만 나타냈던 거야.」

「또 어물쩍 넘어가려는 거지?」

「그렇게 속단하면 못써. 이건 그럴만한 의미가 있는 거야. 이 〈그림 3 - 2〉의 원자구조 모형도는 보어(N. Bohr)의 모형이라고 해서, 최초로 원자구조를 생각한 학자가 고안한 것으로, 전자껍질이 완전한 구형을 이루고 있다고 생각했었지. 이 그림에서는 원궤도로 나타내고 있어. 그런데 구형인 전자껍질은 첫 번째 전자껍질뿐이고, 두 번째 껍질에는 구형 이외에도 타원형의 껍질이 3개가 있단다. 하나의 껍질에는 전자 2개가 들어갈 수 있으므로 모두 8개의 전자가 들어갈 수 있는 거다. 그런데 원자번호가 더 큰 복잡한 원자에서는 전자껍질도 더 많아지고 또 복잡해지기 때문에 보어의 모형으로는 나타낼 수가 없는 거야. 그래서 제3주기까지만 나타냈던 거란다. 그러나 제일 바깥쪽 전자껍질의 전자수는 제3주기에서와 같이 1~8까지 주기적으로 늘어난다고 생각하면 돼. 그러므로 이 표의 세로줄, 즉 이걸 **족**(族)이라고 부르는데, 같은 족에 속하는 원자의 최외각 전자수는 같다고 생각하면 되는 거다. 리튬, 나트륨, 칼륨, 루비듐, 세슘 등은 제I족으로서 모두 최외각 전자가 1개인 "남신형" 원자야. 그래서 +1가의 이온이 되는 동족들인 거야. 마찬가지로, 제II족에 속하는 원자의 최외각 전자는 모두 2개, 따라서 +2가의 이온이 되는 거다. 그 이하 제III족, 제IV족도 마찬가지로 생각하면 된단다.」

「그럼 왜 제4주기부터는 같은 족에 a와 b의 두 줄이 있는 거야?」

「그게 복잡한 전자껍질이 만드는 수수께끼라고 할 수 있지. 그 복잡한 구조에 관해서는 나리가 화학의 기초를 배운 뒤에 들어가기로 하고, 지금은 이 주기율표에서 동족 원소는, 같은 수의 최외각 전자를 갖는다고만 알고 있으면 되는 거다.」

「어쩐지 좀 찜찜한 기분이지만 별수 없지 뭐.」

「자, 그럼 이 표에서 비활성기체를 제외하고 생각해 본다면, 왼쪽에 위치한 원소일수록 남신형, 즉 최외각에 여분의 전자, 즉 쉽게 내어놓을 수 있는 전자를 갖고 있어서, 전자를 받겠다는 상대만 있으면 전자를 내주려는 원자, 즉 (+)이온이 되기 쉬운 원자라는 걸 알 수 있겠지.」

「응, 그래.」

「그래서 이런 경향의 원소를 **양성원소**(陽性元素) 또는 **금속원소**라고 부르는 거야.」

「양성원소라는 건 알겠는데, 왜 금속원소라고도 하는 거야?」

「응, 그건 반대로 생각하면 되지. 즉 금속원소를 볼 것 같으면 어느 것이든 모두 양성원소이기 때문이야. 이 양성원소와 대조적으로 주기율표의 오른쪽에 있는 원소들은 여신형, 즉 전자를 얻고 싶은 경향으로서, 전자를 얻으면 (-)이온이 되는 거다. 그러므로 **음성원소**(陰性元素) 또는 **비금속원소**라고 부른단다.」

「그럼 중간 것은?」

「응, 그건 양성원소(兩性元素)라고 하지. 상대에 따라 양성이 되기도 하고 음성이 되기도 하니까.」

「그럼 남신형이 되기도 하고 여신형이 되기도 한다는 건가?」

「그래, 그렇지. 그런데 일반적으로 원소는 산소와 결합하면 **산화물**이라고 부르는 화합물이 돼. 예를 들면 탄소가 산소와 화합하면 이산화탄소, 철이 산소와 화합하면 산화철과 같이.」

「응, 알아.」

「그런데 이 산화물을 물에 녹였을 때, 금속원소와 비금속원소의 산화물들은 정반대의 성질을 갖게 된단다. 비금속원소의 산화물은 물과 반응해서 산이 되는 거야. 예를 들면

$$이산화탄소 + 물 \rightarrow 탄산$$
$$CO_2 + H_2O \rightarrow H_2CO_2$$

와 같이 말이다. 산이라는 건 신맛을 가진 물질이야.」

「응, 알고 있어. 푸른 리트머스 시험지를 붉게 만드는 거지?」

「그래, 그럼 그 반대는 뭐니? 붉은 리트머스 시험지를 푸르게 하는 건?」

「**염기**지 뭐. 초등학교에서 배웠는걸.」

「그럼 산과 염기를 섞어주면?」

「**중화**지 뭐야. 산과 염기의 성질이 모두 상쇄되어 없어져 버리는 거지.」

「그래, 맞았어. 그리고 중화에 의해서 생성된 물질을 **염**이라고 한다. 실은 산을 중화해서 염을 만드는 것 중에서 물에 녹는 걸 알칼리라 부르고, 물에 녹지 않는 것까지 모두 포함해서 **염기**라고 부르는 거란다. 염의 바탕이 되는 거라는 뜻일 거야.」

「물에 녹지 않고도 산을 중화하는 게 있나?」

「있고말고. 그쪽이 더 많은걸. 그런데 말이야. 비금속과는 반대로 금속의 산화물은 물과 반응하면 염기가 되는 거야. 예를 들면

산화칼슘 + 물 → 수산화칼슘

$CaO + H_2O \rightarrow Ca(OH)_2$」

「어째서 그렇게 되는 거지?」

「산과 염기에 관해서는 다시 설명하겠지만, 전자를 내어놓기 쉬운 금속원소의 산화물은 염기가 되고, 반면에 전자를 얻고 싶은 비금속원소의 산화물은 산이 된다고 생각해 두자. 즉 이렇게 되는 거다.

금속원소 → 염기성산화물 → 염기

비금속원소 → 산성산화물 → 산」

「재미있는데, 산화물이 산이 되느냐 염기가 되느냐는 건 바탕이 되는 원소가 전자를 쉽게 내어놓느냐 아니냐는 것과 관계가 있나 봐.」

「그래, 분자식이니 반응식이니 하고 덮어놓고 암기하는 것이 화학이

라고 생각하면 재미가 없지. 이것저것 큰 흐름을 생각하고 공부하면 재미가 있을 거야.

다음에는 주기율표의 중간에 있는 원소에 대해서 생각해 볼까. 다시 말해서 전자를 내놓으려는 경향과 받아들이려는 경향이 꼭같은 정도의 원소인데, 예를 들면 알루미늄과 같은 것이야. 알루미늄은 보통 금속으로서 다루고 있는데, 최외각 전자가 3개이므로, 전자를 내어놓기 쉬운 것이라고 볼 수 있지. 그러므로 산화물은 염기성산화물로서 물과 반응하면 염기가 되는 거다.

알루미늄 + 산소 → 산화알루미늄

산화알루미늄 + 물 → 수산화알루미늄(염기)

염기이니까 산에 녹이면 염이 되는 거야.

수산화알루미늄 + 염산 → 염화알루미늄(염) + 물」

「응, 알았어.」

「그런데 수산화알루미늄에 센 알칼리를 가하면 알칼리와도 중화해서 염을 만든다. 즉 먼저는 염기로서 작용했지만 여기서는 산으로서 작용하고 있는 거란 말이다.

수산화알루미늄 → 알루민산

으로 되어

알루민산 + 수산화나트륨 → 알루민산나트륨(염) + 물

이 되는 거다. 그러므로 알루미늄은 **양성원소**(兩性元素)라는 거지. 이와 같이 주기율표의 중간에는 양성원소가 위치하고 있단다.」

「양성이라니 마치 박쥐 같잖아. 새가 이기면 새라고 하고, 짐승이 이기면 짐승이라고 하듯이 말이야.」

「자, 그럼 이번에는 동족 중 위쪽에 있는 것과 아래쪽에 있는 걸 생각해 볼까. I족에서 위쪽의 리튬과 아래쪽의 세슘은 어느 쪽이 이온이 되기 쉬운 것처럼 보이니?」

「어느 것이나 최외각 전자는 1개였지. 그걸 내어놓으려는 경향은 같지 않겠어?」

「그래, 경향은 같지만 내어놓기 쉬운 정도는 다르단다.」

「그래…? 아, 그렇지. 구조가 간단한 쪽이 쉽게 빠져나가는 거 아냐?」

「미안하지만 틀렸어. 전자는 (-)전기를 갖고 있고, 원자핵의 (+)전기에 끌려서 핵 주위를 돌고 있잖니. 그러니까 핵 주위에 전자가 많이 있으면 (-)끼리 반발해서 떨어져 나가기 쉬운 거란다. 리튬은 첫 번째 껍질에 2개, 두 번째 껍질에 1개의 전자가 있을 뿐이지만, 세슘은 여섯 번째 껍질에 전자 1개가 있지. 그러므로 핵과의 사이에 전자껍질이 다섯 층이나 있고, 거기에 54개의 전자가 있는 거다. 그러므로 맨 바깥쪽에 있는 1개의 전자 같은 건 언제든지 나가고 싶으면 나가라는 식이야. 즉 동족 중에서는 아래쪽일수록 (+)이온이 되기 쉬운 거란다.」

「아이, 마치 시동생들이 갓 들어온 형수를 괴롭히는 것 같잖아?」

「하하하, 대가족이란 어느 세계에서나 어렵단 말이 되는구나. 아무튼 이런 이유로, 이 주기율표에서 비활성기체에 속한 족을 빼면, 왼쪽으로 갈수록 또 주기율표의 아래쪽일수록 양성(금속성)이 강한 원소가 있는 것이 돼. 즉 왼쪽 아래에 가장 양성이 강한 원소, 오른쪽 위에는 가장 음성 (비금속성)이 강한 원소가 있다는 게 될 거다.」

「그럼 프란슘이 제일 양성이고 플루오르가 제일 음성인 거야?」

「그래. 하지만 프란슘은 아주 미량이어서 이 표에도 아직 원자량이 실려 있지 않으니까 세슘이 제일 양성이라고 생각하면 될 거다.

자, 이야기가 많이 옆길로 샜는데, 이 표에서 양성과 음성의 정도가 큰 원소끼리의 결합은 이온결합성이 강하고, 정도가 작은 원소끼리에서는 공유결합성이 강하다는 걸 말할 수 있겠지.」

「아, 과연. 이 표의 위치 사이의 거리가 결합의 종류를 결정짓는단 말이네. 그리고 보니 이 표는 참 중요한 거네.」

「그래, 그러니까 교과서에는 반드시 주기율표가 실려 있지 않니?」

「아, 잠깐. 그런데 좀 이상해. 이것 봐, 수소는 맨 왼쪽 첫째 줄에 있고, 산소는 오른쪽 두 번째 줄에 있거든. 서로 꽤 떨어져 있으니까 물은 이온결합을 해야 하잖아?」

「그래, 좋은 데 착안했구나. 마땅히 그렇게 생각할 수 있겠지.

그렇지만 말이다. 수소는 좀 예외라고 생각하면 되는 거다. 즉 수소에는 전자가 1개뿐이고 첫 번째 껍질만을 가졌으니까 전자 2개면 만원이 되겠지. 그러면 전자 1개를 내어놓고 양성자가 되든지 아니면 1개를 얻어와서 헬륨형이 되든지 같은 정도의 경향이라고 생각할 수 있겠지. 그래서 주기율표에는 왼쪽 끝줄에 위치해 있어도 나트륨원자나 리튬원자 만큼은 전자를 쉽게 잃지 않는 거란다. 그렇기 때문에 수소는 오히려 비금속원소로서 산소나 질소, 또는 탄소와도 공유결합을 하는 거야.」

「흠…, 그런 거야. 난 오빠가 그 이유를 설명하지 못할 줄 알았는데. 그럼 원자와 원자의 결합에는 이온결합과 공유결합밖에 없는 거야?」

5. 남신끼리의 튼튼한 스크럼
─원자의 결합방법 3─

「아니, 또 있지. 앞에서 말했듯이 이온결합은 물에 약하기 때문에 물에 녹아서 이온이 되는 경향이 있단다. 따라서 학교의 실험실에서 쓰는 시약 중에는 이온결합 물질이 많지만, 우리 주변에서 오래도록 지니고 있는 것 중에는 이온결합을 한 게 적단다.

이 책상 주위에 있는 걸 살펴보렴. 그 볼펜대는 플라스틱으로 공유결합이 주체인 화합물이고, 지우개의 고무도 그렇고, 노트의 종이도, 책받침의 셀룰로이드 등도 그런 거지.

그러나 만년필의 펜촉, 컴퍼스의 다리, 책꽂이의 철물, 전기스탠드의 받침 등은 어떠니? 이것들은 무엇에 속하는 거니?」

「음…, 금속이지.」

「그래. 우리 주위에 있는 형태가 단단한 것들을 만들고 있는 재료는, 플라스틱이나 목재 또는 돌과 같은 공유결합을 주체로 한 물질과 또 한 가지는 금속이란다. 금속은 성질도 아주 달라서 탄성이 있고, 금속 특유의 광택이 나는 데다가 전기를 잘 통과시키지.

그럼, 이 금속 속에서는 원자가 어떻게 결합하고 있는가를 생각해 보자꾸나.

다시 주기율표를 볼까. 금속이라고 불리는 건 어디에 있었지? 그래, 왼쪽의 아래로 갈수록 금속성이 강하다고 했었지. 하지만 나트륨이나 리튬은 금속이라는 실감이 잘 안 날지도 몰라. 우리 주위에 있는 금속은 철, 알루미늄, 구리, 금, 은 등이니까 말이야. 알루미늄은 화학적으로는 양성(兩性)이라고 했었는데, 최외각 전자가 3개이고 주기율표의 중간 가까이에 있지. 알루미늄은 좀 예외에 속하고, 보통 금속원소의 원자는 최외각 전자 2개를 가진 게 많으며 1개짜리도 상당히 있단다.

그럼, 거기서 이런 전자를 떼어 놓으려는 경향, 즉 남신형 원자 2개가

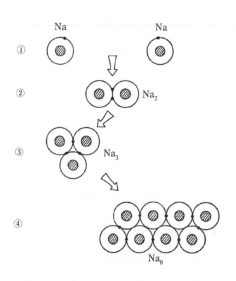

그림 3-8 | 자유전자를 공유하는 금속결합

만났다고 생각해 보자. 일상적으로 친근한 건 아니지만, 나트륨원자를 예로 들어 생각해 보기로 하자.

　우선 우주 공간에 1개의 나트륨원자가 고독하게 여행하고 있었다고 하자(그림 3-8 ①). 자, 이렇게 이제부터는 나트륨원자의 내부구조는 자세히 그리지 않고 검게 칠해 두기로 한다. 그러면 나트륨은 안쪽으로부터 3번째 껍질에 전자 1개를 가졌으니까 이렇게 나타낸다고 해. 거기에 나트륨원자 1개가 더 나타나서 2개가 충돌한 거야. "이봐, 내가 전자를 줄까?" "아니 필요치 않아. 내걸 줄까?" "할 수 없군. 그럼 서로 공유하기로 하지." 하면서 ②와 같이 결합하게 되는 거야. 이렇게 결합한 나트륨결합을 Na라고 표기하는 거다. 자, 그러고 보면 이 그림은 H_2의 결합과 같아 보이잖니? 그러나 H_2의 경우에는 전자가 들어 있는 껍질은 첫 번째 껍질이고 2개로 만원이 되어 안정된 구조가 되기 때문에 H_2로서 만족하게 되는 거야. 그런데 나트륨의 경우, 이 2개의 전자가 들어가 있는 껍질은 세 번째 껍질이기 때문에 8개의 전자가 들어가지 않으면 만원이 되질 않는 거야. 그렇기 때문에 Na_2는 아직도 만족할 수 없는 상태에 있다는 거지. 거기에 다시 1개의 Na가 와서, 이번에는 3개의 원자가 결합했다고 해(③). 하지만 아직도 전자가 8개가 안 되기 때문에 불만족인 거야. 그렇다면 그림 ④와 같이 8개의 나트륨원자가 결합하면 만족한 상태냐고 하면 그렇지도 않단다. 이 모형으로 봐도, 이미 전자가 돌아가는 껍질이 하나의 원자핵 주위의 껍질에만 한정된 게 아니라, 처음에 속해 있던 원자핵과는 떨어져서 8개의 원자핵 전체의 주위를 자유로이 돌아다니는 형태로 되어 있지 않니. 그러므로 공유결합처럼 핵에 묶여 있지 않기 때문에 **자유전자**라고 부르는 거다. 자, 이렇게 되면 이젠 8개로 한정할 필요가 없는 거지. 9개든 10개든 똑같은 사정이라고 생각해도 될 거야. 따라서 금속의 덩어리가 있으면 그 덩어리 전체가 n개의 자유전자를 갖고 결합되어 있다고

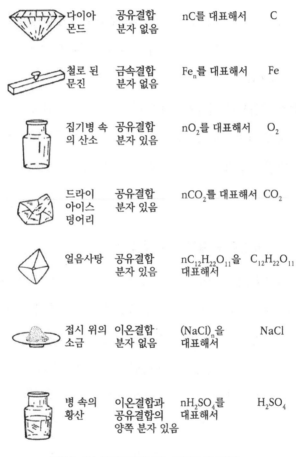

다이아몬드	공유결합 분자 없음	nC를 대표해서	C
철로 된 문진	금속결합 분자 없음	Fe_n를 대표해서	Fe
집기병 속의 산소	공유결합 분자 있음	nO_2를 대표해서	O_2
드라이아이스 덩어리	공유결합 분자 있음	nCO_2를 대표해서	CO_2
얼음사탕	공유결합 분자 있음	$nC_{12}H_{22}O_{11}$을 대표해서	$C_{12}H_{22}O_{11}$
접시 위의 소금	이온결합 분자 없음	$(NaCl)_n$을 대표해서	$NaCl$
병 속의 황산	이온결합과 공유결합의 양쪽 분자 있음	nH_2SO_4를 대표해서	H_2SO_4

그림 3-9 | 우리 주변에 있는 물질의 결합방법

생각할 수 있는 거란다.」

「……」

「이와 같이 금속원자는 한 덩어리 속의 원자 전체가 하나로 이어져서 자유전자를 공유하고 있는 것과 같은 결합방법을 취하고 있는 거야. 금속에 전기가 잘 통하는 것도 이 자유전자가 있기 때문이야.

이와 같은 금속원자의 결합방법을 **금속결합**이라고 한단다.」

「그래? 그럼 금속에도 H_2나 O_2와 같은 분자식은 없고 Na_n을 대표해서 Na라고 쓰는 거네.」

「맞았어. 처음으로 되돌아가서 C_2라고 쓴 게 왜 가위표가 되었는지 그 이유를 더욱 확실히 알았겠지. 우리 주위에 있는 물질들을 기호나 식으로 나타내는 방법을 정리하면 이렇게 될 거다(그림 3-9).」

6. 몇 사람을 상대로 결합할 수 있을까?

「응, 그건 알겠는데, 아직 뭔가 석연치 않은 게 있단 말이야. 오빠. 물이 H_2O라는 건 전자 1개를 여분으로 갖고 있는 H 2개가, 전자 2개가 부족한 산소 O 1개와 과부족 없이 안정된 분자를 만든다는 건 알았지만, 언제나 원자의 구조를 생각해서 결합방법을 생각해야만 하는 거야? 그것도 2종류의 원자가 결합한 경우는 그렇다고 하고, 3종류나 4종류의 원자가 결합하는 경우에는 어떻게 생각해야 해?」

「좋아. 그럼 간단하게 생각할 수 있는 방법을 이야기해보자. 먼저 〈그

H•							He:
Li•	Be:	B:	•C•	•N:	•O:	•F:	:Ne:
Na•	Mg:	Al:	•Si•	•P:	•S:	•Cl:	:Ar:

그림 3-10 | 전자식

림 3-2〉의 원자구조도를 간단하게 그려보는 거다. 화학반응에 관여하는 전자는 최외각 전자이니까, 이 전자를 **원자가전자**라고 부르는데, 이 전자만을 원자식 주위에 적어보는 거다. 이렇게 말이야(그림 3-10).

이런 기호를 쓰면 화합물도 점으로써 전자를 나타낸 식(이것을 전자식이라고 한다)으로 쓸 수 있을 거다. H_2를 H:H와 같이 말이다.

몇 가지 보기를 들면 이렇게 될 거다(그림 3-11).」

「아, 그럼 산소는 4개의 전자를 공유한다는 거군.」

「맞았어. 2쌍, 즉 한 편에서 2개씩 내놓아서 공유결합을 하는 거란다.」

「응. 어째 좀 아리송해. 왜 쌍이야? 1개의 전자나 3개의 전자를 공유해도 될 것 같은데….」

「과연, 그 부분은 설명하지 않고 넘어가려 했었는데, 네가 질문한 이상 그냥 넘어갈 수가 없겠구나. 그건 말이다, 전자에도 두 종류가 있기 때문이라고 생각해. 회전 방향이 반대인, 즉 오른쪽 방향으로 도는 것과 왼쪽 방향으로 도는 것. 이렇게 두 종류 말이다. 너무 모형적이기는 하지만 대충 그렇게 생각해 둬. 전기를 가진 전자가 돌아가는 것이니까 하나의 작은 코일이라고 볼 수 있겠지. 그러면 자석처럼 같은 방향으로 돌고 있는 것끼리는 반발하고, 반대 방향으로 돌고 있는 것끼리는 잡아당기게 되겠지.」

이 름	분자식 조성식	전 자 식	구 조 식
수 소	H_2	H∶H	H—H
산 소	O_2	∶Ö∶∶Ö∶	O=O
염 소	Cl_2	∶Ċl∶Ċl∶	Cl—Cl

물	H_2O	H∶Ö∶
		 H
			H—O
			   |
			   H

이산화탄소	CO_2	∶Ö∶∶C∶∶Ö∶	O=C=O
암모니아	NH_3	H ∶N∶H H	H | N—H | H
염화암모늄	NH_4Cl	$\left[\begin{array}{c} H \\ H∶N∶H \\ H \end{array}\right]^{+} \left[∶Ċl∶\right]^{-}$	
염화나트륨	$NaCl$	$\left[Na\right]^{+} \left[∶Ċl∶\right]^{-}$	

그림 3-11 | 여러 가지 화합물의 전자식

「응.」

「즉 동성인 전자끼리는 반발하고 이성인 전자끼리는 잡아당긴다고 생각하면 돼. 이성인 한 쌍, 즉 전자쌍을 공유하면 안정된 공유결합이 되는 거라고 생각하면 돼.」

「헤…, 이렇게 작은 전자의 세계에도 이성끼리의 인력의 원리가 작용된단 말이야.」

「그래. 한 전자껍질 위에 한 쌍이 살면서 "마이 홈"을 이루면 안정된 거라고 생각할 수 있겠지. 하기야 너무 인간적인 비유가 되겠지만서도.」

「그건 그렇다고 하고, 이 표의 아래 것들은 뭐야?」

「이건 이온결합이야. 염화나트륨의 경우에는 Na로부터 전자가 1개 염소 쪽으로 이동해서 Na는 Na^+로, Cl는 Cl^-가 된 거야. 그리고 그 위에 있는 염화암모늄의 경우는, NH_4라는 원자단이 전자 1개를 잃고서 NH_4^+(암모늄이온)가 되고, 그 전자 1개를 Cl이 얻어서 Cl^-로 되고, 그 사이의 결합이 이온결합을 이루고 있는 거지. 즉 NH_4에서는 질소와 수소들 간의 결합은 공유결합, NH_4^+와 Cl^- 사이의 결합은 이온결합이라는 두 가지 결합이 섞여 있다는 거야.

이와 같이 원자단이 이온을 띠고 있는 것으로는 NH_4^+ 이외에도 많아. 화학반응을 할 때 원자단이 송두리째 옮겨가는 경우가 많단다. 이 같은 원자단을 기(라디칼)라고 부른단다. NH_4는 암모늄기, SO_4는 황산기, NO_3는 질산기 등으로 말이다. 이들은 각각 NH_4^+(암모늄이온), SO_4^{2-}(황산이온), NO_3^-(질산이온) 등의 이온으로서 다른 이온과 이온결합을 하는 거란다.」

「그러고 보니 황산○○이니 뭐니 하는 화합물이 많이 있더라. 하지만 이렇게 나가다가는 뭐가 뭔지 더 모르겠어.」

「너무 서두르지 마. 이 〈그림 3-11〉의 오른쪽 칸을 보렴. 1쌍의 전자를 ―로 나타낸 건데, 이런 결합으로 나타낸 식을 **구조식**이라 하고, ―는 가표(價標)라고 하는데 이건 한 쌍의 전자를 공유하는 공유결합을 나타내는 것이란다.」

「그러면 산소의 경우는 2쌍의 전자를 공유하기 때문에 두 줄로 나타낸 거구나.」

「그래 맞았어. 아세틸렌 같은 건 $H-C\equiv C-H$와 같이 세 겹이 되지.」

「왜 아래 2개는 구조식이 안 그려져 있어?」

「한 쌍의 전자를 ―로 나타내는 것이니까 이온결합의 경우에는 나타낼 수가 없잖니. 그보다도, 이온결합의 경우는 잃어버린 전자의 수를 (+)부호를 붙인 수로, 얻은 전자의 수를 (-)기호를 붙인 수로 나타내는 게 더 분명하지. Al^{3+}라든가 SO_4^{2-}와 같이 말이야. 그러면 황산알루미늄은 알루미늄이온이 2개니까 (+)가 6, 황산이온이 3개니까 (-)가 6으로 전하가 서로 평형을 이루니까 조성식은 $Al_2(SO_4)_3$가 되는 거다.」

「응, 그렇구나.」

「자, 그럼 이제까지 말한 것을 정리해서 좀 쉽게 할 수 있는 방법을 생각해 보기로 하자. 공유결합이건 이온결합이건, 원자가전자 1개가 결합능력 하나가 된다는 건 알겠지? 아니 이온결합인 경우에는 전자의 부족분이 결합능력의 단위가 되기도 하지만.

「그래서 이 결합능력을 그 원자 또는 기의 **원자가**라고 한단다.」

「남신 원자의 여분의 수와 여신 원자의 부족한 수라는 거네.」

「요게, 저도 그런 소리를 하면서…. 아무튼 앞의 〈그림 3 - 2〉와 연관해서 이 같은 원자가의 가능성을 생각해 보기로 하자(그림 3 - 12). 즉 공유원자가는 원자가전자수, 이온원자가는 양하전 쪽은 원자가전자수, 음하전은 (8 - 원자가전자수)이 된다는 말이다.」

「응, 그런데 이 공유원자가(최고)라는 건 뭐야?」

「그건, 전자쌍을 만들기 위해서 내놓는 전자는 한 쌍에 대해서 1개씩이니까, 원자가전자의 수만큼의 전자쌍을 만들 수 있는 거야. 그래서 최고의 공유원자가는 원자가전자수가 된다는 걸 말하는 거야.」

「그럼, 염소는 최고 7가(價)가 되는 경우도 있는 거야?」

	H							He
	Li	Be	B	C	N	O	F	Ne
	Na	Mg	Al	Si	P	S	Cl	Ar
원자가전자수	1	2	3	4	5	6	7	8
공유원자가 (최고)	1	2	3	4	5	6	7	0
이온원자가	+1	+2	+3		-3	-2	-1	0

그림 3 - 12 | 원자가

「그럼, 있고말고. 하기는 최저에서 최고까지 모두 똑같이 나타나는 건 아니고, 더 쉽게 나타나는 것이 있단다. 염소의 경우는 1, 3, 5, 7(가)로 나

타나지. 산소의 제법에서 염소산칼륨이라는 물질을 가열했지. 이 물질의 동족들을 볼 것 같으면

(화합물명)	(화학식)	(화합물 중의 염소의 원자가)
과염소산칼륨	$KClO_4$	7가
염소산칼륨	$KClO_3$	5가
아염소산칼륨	$KClO_2$	3가
차아염소산칼륨	$KClO$	1가

이와 같이 염소는 1, 3, 5, 7가로 되어 있는 거야.」

「와! 이걸 다 외워야 해?」

「또 외운다는 소리. 이런 건 너희들이 배우는 화학에서는 나오지 않아서 지금 설명 삼아 보기로 들었을 뿐이야.

나리가 외워야 할 건 교과서에 흔히 나오는 화합물 중의 원자 또는 기의 원자가 정도면 돼. 이걸 알고 있으면 상대 원자의 원자가도 알 수가 있는 거야. 아마 이 정도일까?(그림 3-13)」

「그 정도라면 외울 수 있어.」

「그리고 안정된 화합물 중에서는 양하전과 음하전이 같을 테니까,

(+)이온의 개수 × 원자가수 = (-)이온의 개수 × 원자가수

가 되는 거다. 예를 들면 황산알루미늄($Al_2(SO_4)_3$)에서 알루미늄이온은 3가, 황산이온은 2가이므로

1. 이온원자가			
수소이온	H^+	염소이온	Cl^-
나트륨이온	Na^+	수산이온	OH^-
칼륨이 온	K^+	질산이온	NO_3^-
암모늄이 온	NH_4^+	황산이온	SO_4^{2-}
칼슘이온	Ca^{+2}	탄산이온	CO_3^{2-}
마그네슘이온	Mg^{+2}	인산이온	PO_4^{3-}
알루미늄이온	Al^{+3}		
2. 공유원자가			
수소 1			
염소 1			
산소 2			
질소 3			
탄소 4			

그림 3-13 | 기억해 두면 좋은 원자가

(+) 이온쪽   (-) 이온쪽

2개×3가 = 3개×2가

가 될 거야.」

「그렇구나.」

「그럼 인산나트륨(Na_2HPO_4)에서는 어떻게 되겠니?」

「아아! 이 화합물은 +이온이 두 종류인데. 음… 합산하면 되는 거지.

+ 이온쪽

$$2개 \times 1가 + 1개 \times 1가 = 1개 \times 3가$$

가 될 것 같은데….」

「그래, 됐어. 잘했어. 그럼

황산제일철($FeSO_4$)

황산제이철($Fe_2(SO_4)_3$)

이라는 화합물이 있는데, 여기서 철은 몇 가가 되겠니?」

「글쎄, 황산이온이 2가니까 황산제일철에서는 Fe^{2+}일 거고, 황산제이철에서는 Fe^{3+}이 되겠지. 같은 철인데도 왜 다르지?」

「가벼운 금속원자에서는 그런 일이 없지만, 무거운 금속원자에서는 이런 경우가 또 있단다.

제일구리이온 Cu^+　　제이구리이온 Cu^{2+}

제일수은이온 Hg^+　　제이수은이온 Hg^{2+}

제일주석이온 Sn^{2+}　　제이주석이온 Sn^{4+}

처럼 말이야.」

「휴 골치야. 하지만 어째서 원자가전자 2개인 철원자와 3개인 철원자의 두 종류가 있는 거야?」

「철원자가 2종류 있는 건 아니지만, 무거운 원자의 전자껍질의 구조는 앞에서도 말했듯이 단순하지 않은 거야. 그래서 어떤 때는 2개가 원자가전자로서 작용하고, 또 어떤 때는 3개가 원자가전자로서 반응하는 셈이야.」

「아 오빠 왜 그리 짓궂어? 겨우 알 듯하다가 또 뭐가 뭔지 모르겠잖아.」

「그래? 한꺼번에 알려면 혼란스러워질 테니까. 그 복잡한 전자껍질에 관한 건 일단 덮어두기로 하자. 다만 2종류의 이온으로 되는 금속이 있다는 것만 기억해 두렴.」

「어휴, 화학을 다 알려면 아직 까마득하네.」

「화학을 전부 알겠다고? 어림도 없는 생각이야. 끝이 없는 게 학문이란다. 세계 제일이라는 대화학자라도 모르는 게 얼마나 많은데….」

「응, 깊은 샘은 마르지 않느니라…. 그렇게 생각하니 좀 용기가 난단 말이야.」

「그래. 끝이 없는 일이니까 오늘은 이만하자.」

「응, 그래.」

IV. 반응식을 길들이다

1. $H_2 + O \rightarrow H_2O$도 맞는 식일까?

「나리야, 요전의 그 시험 답안지 좀 보자꾸나.」

철이가 나리의 방으로 들어서면서 말했다.

「왜 그래, 또 창피를 주려는 거야? 벌써 찢어버렸는걸.」

「오빠가 창피를 주려는 게 아니야. 분명히 화학반응식에 대한 문제가 나왔고, 그중 몇 개 틀렸잖아. 그렇지?」

「응 그래.」

「어디가 틀렸는지 생각해 보려던 것뿐이야.」

「알았어, 좋아.

$$H_2 + O \rightarrow H_2O$$

라고 써서 틀렸던 거야.」

「틀린 건 아니다. 그게.」

「뭐!? 정말이야?」

「그럼, 나리는 어디가 틀렸다고 생각하니?」

「그건, 산소는 O라고 쓰면 안 되잖아. O_2라고 써야지.」

「어디서 말이야?」

「어디라니, 여기지. 그래 지구 위에서는 그런 거 아냐?」

「허허. 이젠 좀 알게 되었구나. 하지만 단지 수소와 산소가 반응해서 물이 되는 화학반응을 반응식으로 쓰라고 했을 때는

$$H_2 + O \rightarrow H_2O$$

로 썼다고 해서 틀렸다고는 할 수 없단다. 우주 공간에서 H_2 1개가 떠돌아다니다가 O를 만나서 결합했다고 하면

$$H_2 + O \rightarrow H_2O$$

로 써도 돼. 또 OH라는 알맹이가 떠돌아다니다가 H와 만났다면

$$OH + H \rightarrow H_2O$$

로 되지.

지구로부터 30~50km쯤 떨어진 상공에는 오존층이 있잖니, 태양으로부터 오는 자외선이 산소분자와 충돌하여 그 결합을 깨뜨린다.

$$O_2 \rightarrow O + O$$

이렇게 해서 생긴 원자상태의 산소가 보통의 분자상태의 산소와 충돌하면

$$O_2 + O \rightarrow O_3$$

이런 식으로 결합해서 오존 O_3이라는 분자가 생성되는 거야. O_3는 불안정한 화합물이므로, 곧

$$O_3 \rightarrow O_2 + O$$

로 분해되기 때문에, 오존층에는 O_2, O, O_3가 어떤 상태의 평형을 유지하고 있는 셈이야.

이 오존층까지 올라간 수소 풍선이 터져서, 수소가 새어 나왔다고 가정하면

$$H_2 + O \rightarrow H_2O$$

라는 반응이 일어날 수도 있는 거야.

그러나 보통, 우리가 다루는 수소나 산소는 분자상태의 것이므로, 특별한 이유가 없으면,

$$H_2 + O \rightarrow H_2O$$

는 틀렸다는 거야」

「아이참. 오빠는 뭘 말하려고 그렇게 빙빙 돌리는 거지?」

「허허, 무의미하다는 말이니? 그렇잖아. 나리가 뜻도 모르고 덮어놓고 외워서 $H_2 + O \rightarrow H_2O$는 틀린 거라고 하면 안 되니까 이렇게 생각해 보라는 거잖아.

그럼, 질문해 볼까. 분자상태의 수소와 산소의 반응은 어째서

$$H_2 + O_2 \rightarrow H_2O$$

라고 쓰면 안 되는 거지?」

「그건…, 이렇게 쓰면 O의 수가 우변에서 부족하잖아?」

「그럴까? 집기병 속에 들어 있는 수소는 분자수를 정확히 알 수 없기 때문에 nH_2인데, 그걸 대표해서 H_2라고 나타냈었지. 마찬가지로 산소도

$n'O_2$를 대표해서 O_2라고 나타낸 거야. 그리고 거기서 생긴 물도 $n''H_2O$ 를 대표해서 H_2O라고 쓰는 것이라면

수소 + 산소 → 물

$$H_2 + O_2 \rightarrow H_2O$$

라고 써도 되지 않겠니?」

「하지만 뭔가 좀 이상한데.」

「그래, 분명히 좀 이상해. 그럼 이걸 좀 더 자세히 생각해 보기로 하자.

지금, 수소와 산소를 섞어서 불을 붙였다고 해. 그러면 수소분자와 산소분자가 세차게 충돌하기 시작하겠지. 먼저 1개의 H_2와 1개의 O_2가 충돌하여, O_2분자가 끊어지고, 1개의 O가 H_2와 결합했다고 하자(그림 4-1 ①②③). 이 반응을 식으로 나타내면

$$H_2 + O_2 \rightarrow H_2O + O \cdots\cdots\cdots\cdots (1)$$

그리고 튕긴 O가 다른 1개의 H_2와 충돌해서 결합하여 H_2O가 되었다

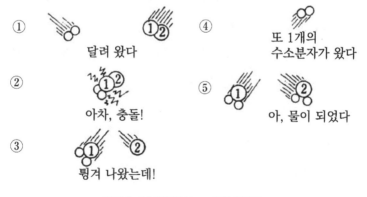

① 달려 왔다

② 아차, 충돌!

③ 튕겨 나왔는데!

④ 또 1개의 수소분자가 왔다

⑤ 아, 물이 되었다

그림 4-1 | 달려와서······ 물이 되었다

고 하자(그림 3-1 ④⑤). 이 반응식은

$$O + H_2 \rightarrow H_2O \cdots\cdots\cdots\cdots (2)$$

이걸로 일단 결말이 났지.

거기서 반응식 (1)과 (2)를 정리하면

$$H_2 + O_2 \longrightarrow H_2O + O$$
$$+) \ O + H_2 \longrightarrow H_2O$$
$$\overline{2H_2 + O_2 \longrightarrow 2H_2O}$$

가 돼. 이런 반응이 수소와 산소가 연소하고 있을 때는 무수히 일어나는 거야. 즉 반응하고 있는 부분을 보면

$$n(2H_2 + O_2 \rightarrow 2H_2O)$$

가 되는 거다. 이걸 대표해서

$$2H_2 + O_2 \rightarrow 2H_2O$$

라고 나타내는 거란다.」

「아, 그러니까. 이게 수소와 산소가 화합할 때의 올바른 반응식이란 말이지.」

「그래 결과적으로는 그렇지만, 산소와 수소가 반응해서 물이 되는 과정은 여러 가지로 더 있을지도 몰라.

예를 들면, 처음 충돌해서

$$H_2 + O_2 \rightarrow 2OH \cdots\cdots\cdots\cdots (1)$$

가 되고, 그 OH가 H_2와 충돌해서

$$OH + H_2 \rightarrow H_2O + H \cdots\cdots\cdots\cdots (2)$$

또 1개의 OH가 여기서 생긴 H와 충돌해서

$$OH + H \rightarrow H_2O \cdots\cdots\cdots\cdots (3)$$

이 (1)(2)(3)을 정리해도

$$2H_2 + O_2 \rightarrow 2H_2O$$

가 되지. 또 처음 충돌해서

$$H_2 + O_2 \rightarrow H + H + O + O$$

로 뿔뿔이 흩어져서, O는 다른 H_2와

$$H_2 + O \rightarrow H_2O$$

H는 다른 O_2와 충돌해서

$$H + O_2 \rightarrow OH + O$$

$$H + OH \rightarrow H_2O$$

$$O + H_2 \rightarrow H_2O$$

와 같은 반응이 일어나더라도 이들 반응을 정리하면

$$2H_2 + O_2 \rightarrow 2H_2O$$

가 되는 거야.」

「그럼 어떤 게 진짜란 말이야?」

「만일, '쾅' 하고 수소와 산소의 혼합기체가 폭발한 순간을 조사해 본다면 그 속에서는 O, H, OH, H_2O_2, H_3O와 같이 여러 가지 중간체가 들어 있을 거야. 하지만 그것들은 곧 분해되거나 다른 것과 반응해서 없어지기 때문에, 결국은 역시

$$n(2H_2 + O_2 \rightarrow 2H_2O)$$

가 되는 거란다.」

「음…, 그렇지만 만일 수소와 산소의 분자수의 비가 2:1이 아니면 어떻게 될까?」

「그야 여분으로 존재하는 쪽이 남지 뭐. 그리고 반응한 부분에 관해서만 나타낸다면 윗식과 같아지는 거지.」

「아, 그렇구나. 그렇다면 어디 잘 안 되는 경우는 없을까. 아, 그렇지. 예를 들어 수소분자와 산소분자가 2:1보다 수소분자가 1개만 부족했다고 해보자. 그러면

$$H_2 + O_2 \rightarrow H_2O + O$$

여기서 생긴 O가

$$H_2 + O \rightarrow H_2O$$

가 될 상대의 H_2가 없잖아? 그럼 이 O는 어떻게 되는 거야?」

「하하하. 그런 경우에는 우주 공간에서 H_2와 O_2가 1개씩 충돌한 경우를 생각하면 될 거 아니야. 튕겨나온 O는 그대로 다음번 원자를 만날 때까지 정처 없이 방랑의 여행을 하는 것이지 뭐.」

「아니야. 우주에서가 아니고 지구 위에서 H_2가 1개만 부족했을 때 말이야.」

「마찬가지로 O는 어떤 것과 만나서 화합할 때까지는 O로 있는 거야. 그러나 지구 위에서는 주위에 여러 가지 것들이 잔뜩 있으니까, 우주 공간에서처럼 방랑을 계속하는 건 아니야. 금방 어떤 것과 충돌해서 화합하게 될 거다.」

「하지만, 그렇다면

$$n(2H_2 + O_2 \rightarrow 2H_2O) + O$$

가 되니까 대표해서

$$2H_2 + O_2 \rightarrow 2H_2O$$

라고는 할 수 없잖아?」

「과연, 이치를 따지면 그렇지만 지구에서 인간이 다루는 수소나 산소는, 눈에 보이지 않을 정도의 작은 양이라도 그 속에는 수억 개의 분자가 있는 거야. 그러니까 1개의 O쯤은 무시해도 되는 거야. 우선, 단 1개의 O 따위는 특별한 경우가 아니라면 그게 있다는 것조차 알아낼 수가 없단다.」

「뭐라고? 그건 이상하잖아. 오빠 말에는 모순이 있는걸. 언젠가 오빤 적색거성이나 우주 공간에 C_2니 OH니 하는 게 있다고 말했지. 지구 위에서조차 단 1개의 O도 발견할 수 없다고 한다면, 어떻게 수만 광년이나 떨어진 곳에 있는 C_2나 OH 등을 발견할 수 있단 말이야?」

2. 우주 공간의 원자나 분자는 어떻게 발견하는가?

「하하, 나리는 오빠가 한 방 먹었을 거라고 생각하겠지만 결코 그렇지 않아. 분명히 우주 속에는 OH 등이 존재한다고 말했어. 그러나 딱 1개만 있다고는 말하지 않았어.」

[어머머, 하지만 고독한 방랑의 여행 따위로 말했잖아?]

「그래, 그렇게는 말했지. 하지만 고독한 방랑의 여행을 하는 건 있지만, 딱 1개라고는 말하지 않았단다.」

「그게 무슨 뜻이야?」

「시간과 공간의 문제란 말이야. 고독한 방랑의 여행을 한다고 해도 그게 영원한 건 아니란 말이지. 얼마나 길고, 또 얼마나 멀리 떠돌아다니느냐는 정도의 문제란 말이다.

처음에 말했듯이 대도시 속에 3~4명의 사람이 살고 있을 뿐이라면 고독한 삶이라고 할 수 있잖아. 그러나 이 3~4명이 일생 동안 영영 만나지 못한다는 건 아니란 말이야.

우주 공간에 OH가 있다는 것도 마찬가지 일로 다음 H와 만나서 H_2O가 되기까지 상당히 긴 시간이 걸리기 때문에 OH가 존재한다고 말할 수 있는 거야.

나리라는 인간이 이 세상에 있는 것도, 우주라는 규모에서 볼 때는 극히 짧은 고작 70~80년이 아니니. 그래도 존재한다고 말할 수 있는 거와 같은 것이지 뭐.」

「아 싫어, 오빠는 하필 나를 보기로 든담.」

「그리고 말이야, 수만 광년을 떨어진 저 먼 공간에 있는 단 1개의 OH 따위는 도저히 발견할 수가 없는 거야. "존재한다"는 걸 알 수 있는 건 적어도 수억 또는 수조가 존재할 때 비로소 알 수 있는 거란다.」

「그건 좀 이상한데. 그렇게 많이 있다면 금방 다음 것과 만나서 결합하는 거 아냐?」

「하하, 그 점이 바로 공간의 문제지. 이거 봐, 이 창문 유리는 무색투명하다고 말하지. 분명히 한 장의 유리는 무색이라고 말할 수 있어. 하지만 유리의 단면을 옆에서 보면 어떠니? 약간 푸르스름하게 보이지. 유리를 수십 장 겹쳐 보렴. 그러면 결코 무색이라고는 말할 수 없잖니?

우주 공간 속에 OH와 같은 원자나 분자가 있다는 건, 그 원자나 분자가 방출하는 고유전파를 관측함으로써 알 수가 있는 거란다. 그러나 1개의 원자나 분자가 내는 전파는 매우 미약해서 관측할 수가 없어. 유리를 여러 장 겹치듯이 수억, 수조의 원자나 분자가 겹쳐져서 비로소 관측할 수 있는 세기의 전파가 되는 거란다.

즉 우주 공간은 하나의 알갱이에게는 고독한 방랑의 길을 가야 할 정도로 드문드문 있지만, 지구에서 관측하면 그 알갱이가 수억, 수조로 겹쳐서 보일 만큼 공간은 넓다는 거야.」

「무슨 말인지 잘 이해가 안 되는걸.」

「그래, 그럼 잘 들어봐. 지구 표면의 공기 1㎤ 속에는 10^{19}개 (10000000000000000000)나 되는 분자가 있어. 그런데 우주 공간에는 1㎤ 속에 몇 개의 원자밖에 없는 거야. 가령 1㎤ 속에 원자가 1개밖에 들어 있지 않다고 치더라도, 10^{19}㎝의 공간을 통해서 본다면 10^{19}개의 원자가 보이지 않겠니?」

「그래, 그렇겠지.」

「10^{19}㎤라면 10^{14}㎞가 되니까 꽝장한 길이라고 생각하겠지만, 우주 전체에 비할 때는 아주 짧은 거리인 거야. 지구와 제일 가까운 항성은 4광년

의 거리에 있다고 하잖니. 그리고

$$1광년 = 9 \times 10^{12} \, cm$$

이니까, $10^{14} km$는 불과 수십 광년밖에 안 돼. 그러니까 우리가 관찰하는 별의 대부분은 $10^{14} km$의 수배, 수십 배의 공간을 달려온 빛에 의해서 보이는 것이란다.

가령, 지금 1만 광년이 떨어진 곳에 지름이 수십 광년인 기체구름이 있고, 그 속에 OH 분자가 확인됐다고 하자. 그러면 10^{19}개, 즉 지구 위의 공기 $1 cm^3$ 속의 분자 수 만큼의 OH를 겹쳐서 보았다는 게 되는 거다. 10km 전방에 $10 cm^3$ 정도의 공기 덩어리가 있고, 그 속에 있는 분자를 확인할 수 있다는 정도라는 뜻이다.

그러나 그 기체구름 속에 있는 1개의 OH의 입장에서 보면, 이웃에 있는 OH와 만나기까지는 길고 긴 고독한 방랑을 계속해야 할 만큼 기체구름은 드문드문 있다는 거야.」

「흠. 그런 뜻이야. 알 것 같기도 해.」

「우주는 이렇게도 넓고 원자는 이토록 작다고나 할까. 그렇게도 넓은 우주 속에서 요렇게도 작은 원자를 생각하고, 그 작은 원자로써 우주의 넓이를 생각하는 걸 보면, 인간이란 위대한 존재라고 생각되지 않니?」

「응, 그래. 나도 그 위대한 인간의 한 사람이라고 생각하니 조금은 우쭐해지는걸.

그건 그렇고, 지구 위에서는 $1 cm^3$ 속에 10^{19}개나 존재하는 원자나 분자들 속에서 반응이 일어나는 셈인데. 그 반응의 기본이 되는 걸 나타낸 것이 화학반응식이란 말이지?」

「그래그래. 바로 그런 말이야.」

3. 실제로 반응식의 계수를 정하기 위해서는

「그건 알겠는데, 실제로 반응식을 쓸 때, 계수를 정하는 데는 갈피를
못 잡겠단 말이야. 솔직히 말해서 질소와 수소로부터 암모니아가 생성되
는 반응을

$$N + 3H \rightarrow NH_3$$

으로 써서 틀렸거든.」

「되풀이해서 말하지만 우주 공간에서는 그렇게 써도 돼. 목성의 대기
속 암모니아는 대부분이 그런 반응으로 만들어졌는지도 몰라. 그러나 지
구 위에서는 그렇게 쓰면 안 돼. 그건 지구 위에서는 질소는 N_2, 수소는
H_2의 분자상태로 존재하니까 말이야.

그럼 실제로 화학반응식을 만드는 걸 생각해 볼까. 우선 반응 전과 반
응 후의 물질을 보통으로 존재하는 안정된 형태로서 배열해 보는 거다.
방금 한 이야기라면 그 반응에서는 반응 전에 존재하는 물질은 수소와 질
소니까 H_2와 N_2이고, 거기서 생성된 암모니아는 NH_3이니까

$$N_2 + H_2 \rightarrow NH_3$$

가 되겠지. 그런데 질소는 N_2가 최소단위인데 원자로서는 2원자야. 그리
고 반응에서 생성된 암모니아는 NH_3가 최소단위이고, 그 속의 질소원자

는 1개야. 이건 질소의 최소단위 N_2로부터 암모니아는 2단위, 즉 $2NH_3$이 생성된다는 거지. 그래서

$$N_2 + H_2 \rightarrow 2NH_3$$

라고 해 보는 거야. 자, 이렇게 되면 $2NH_3$ 속에는 H원자가 6개 있다는 게 되잖아. 그러니까 반응 전에도 6개가 있어야 하겠지. 수소의 최소단위는 H_2이므로 6개의 원자를 충당하려면 $3H_2$가 되어야 하니까

$$N_2 + 3H_2 \rightarrow 2NH_3$$

이걸로 만족한 반응식이 된 거다.」

「그렇군. 반응하는 물질이나 생성되는 물질의 지구 위에 존재하는 최소단위의 화학식을 만든 뒤 원자의 수가 맞도록 계수를 맞추면 되는 거구나.」

「그래 맞았어.」

「만일 원자의 수가 안 맞는다면?」

「그러면 반응이 도중에 끝나 버리고 원자가 남게 될 거다. 반응이 끝나서 일단 안정된 물질이 되면, 반응 이전의 원자수와 반응 후의 원자수는 반드시 같아지는 거다. 전에 말했듯이 화학반응이라는 건, 원자가 서로 짝을 바꾸어 결합하는 반응이야. 원자가 파괴되거나 새로 생성하거나 하는 반응이 아니니까 말이다.」

「오빠 설명을 들으니까 그런데….」

「그럼 연습으로 가스레인지 속에서 프로판가스가 연소하고 있는 걸 화학반응식으로 써 볼까. 프로판가스는 C_3H_8이고, 연소는 물론 산소와의

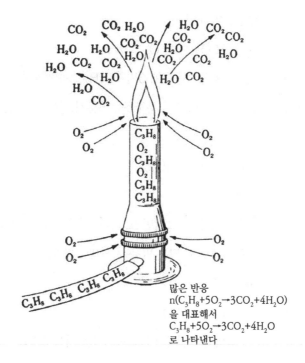

많은 반응
$n(C_3H_8 + 5O_2 \rightarrow 3CO_2 + 4H_2O)$
을 대표해서
$C_3H_8 + 5O_2 \rightarrow 3CO_2 + 4H_2O$
로 나타낸다

그림 4-2 | 프로판가스가 연소할 때

화합이지.」

「그래 좋아. 완전히 연소하면 CO_2와 H_2O로 되니까 우선

$$C_3H_8 + O_2 \rightarrow CO_2 + H_2O$$

라고 놓고, 프로판 1분자 속에 C원자가 3개 있으니까 CO_2는 최소 3개가

나올 거야.

$$C_3H_8 + O_2 \rightarrow 3CO_2 + H_2O$$

다음에 프로판 1분자 속에 H원자가 8개 있으니까, 여기서 생성되는

물분자는 4개가 된단 말이야.

$$C_3H_8 + O_2 \rightarrow 3CO_2 + 4H_2O$$

그러면 나머지 산소는 $3CO_2$ 속에 6원자, $4H_2O$ 속에 4원자, 모두 10원자가 필요하다는 거지. 그러므로 분자로는 5분자, $5O_2$가 된단 말이야, 그럼

$$C_3H_8 + 5O_2 \rightarrow 3CO_2 + 4H_2O$$

이러면 됐지?」

「그래, 잘했다, 아주 잘했어. 그러면 또 하나, 아세틸렌가스 C_2H_2가 완전연소해서 이산화탄소와 물이 되는 반응식을 생각해 보렴.」

「그래 좋아. 먼저

$$C_2H_2 + O_2 \rightarrow CO_2 + H_2O$$

로 하고, C_2H_2 1분자 속에는 C원자가 2개 들어 있으니까 $2CO_2$가 될 거야.

$$C_2H_2 + O_2 \rightarrow 2CO_2 + H_2O$$

수소원자는 C_2H_2 속에 2개, H_2O 속에 2개니까 이대로 될 거고. 그러면 산소는 $2CO_2$ 속에 4개, H_2O 속에는 1개, 합해서 5개. 아차. 큰일났는데. O_2 속에는 2원자가 들어 있으니까, 2분자하고 반이면 되겠는데 2.5라는 계수도 맞는 걸까?

$$C_2H_2 + 2.5O_2 \rightarrow 2CO_2 + H_2O」$$

「응, 그럴 때는 전체를 2배 해 주면 돼.」

「아, 그렇지

$$2C_2H_2 + 5O_2 \rightarrow 4CO_2 + 2H_2O」$$

「그래, 맞았어. 그게 아세틸렌이 완전연소할 때의 최소단위의 반응식이 되는 거야. 실제로는 그 반응이 수억, 수조가 일어나고 있는 거지.」

「불완전연소가 될 때는 가스레인지로부터 일산화탄소나 그을음이 생긴다고 했는데, 그런 때는 어떻게 되는 거지?」

「불완전연소란 반응이 완전히 일어난 게 아니니까 여러 가지 경우가 있을 거다. 예를 들면 일산화탄소(CO)도 나온단다.

$$C_3H_8 + 4O_2 \rightarrow CO_2 + 2CO + 4H_2O$$

또 그을음인 탄소(C)도 나오지.

$$C_3H_8 + 2O_2 \rightarrow 3C + 4H_2O$$

「어느 하나로는 결정할 수 없는 거야?」

「그건 측정해 보면 알 수 있지. 연소한 프로판의 양, 소비한 산소의 양, 그리고 발생한 CO_2나 CO나 C의 양, 그리고 물의 양 등을 측정하면 어떤 반응이 어느 정도로 일어났는지를 추정할 수 있지.」

「어떻게 계산하는 거야?」

「그건 좀 더 공부한 뒤의 일이고 그보다 먼저 화학반응에 관해서 조금 더 생각해 둘 필요가 있단다.

요전에, 단독원자는 중성으로 있으려니 구(球)가 될 수 없고, 구가 되려니 중성을 지키지 못한다는 궁지에 처하게 된다고 말했었지. 그래서 중성이면서도 원만한 형태를 목표로 해서 결합하는 거라고 말이다. 헬륨이나 네온은 단독으로서 중성이고 구형이기 때문에 화합하지 않는다는 걸 기억하지.」

「응, 그랬어.」

「그래서 H는 H_2가 돼야 안정하고, O는 O_2가 되어 안정된 분자로서 이 지구 위에서도 존재할 수 있는 거야. 이만하면 알겠지?」

「응, 됐어.」

「그렇다면, 어째서 그 안정된 H_2가 안정된 O_2와 반응해서 물이 되는 거지?」

「아, 하긴….」

「그럼 그 이유를 차근차근히 생각해 나가기로 할까.」

V. 고이 기른 딸을 시집보내는 방법

1. 설사 만났다고 해도 열이 없으면 반응하지 않는다

어머니가 지친 얼굴로 돌아오셨다.

「원, 저 애는 왜 저렇게 쌀쌀맞은지 몰라. 실연이라도 해서 잊지 못할 사람이라도 있는 건지 원.」

어머니는 친척이 되는 청년을 데리고 선을 보러 갔다 오셨다.

「그러길래, 그만두라고 그랬잖아. 본인의 마음이 내켜야지, 주위에서 아무리 떠들어 봤자 안 된다고 했잖아.」 하고 아버지께서 말씀하셨다.

「그래요, 아무리 선을 본들 두 사람이 타오르지 않는 걸 어떻게 해.」 하고 나리가 참견했다.

「원, 남의 속도 모르고 너처럼 연극이나 영화 같은 이야기만 하고 있을 때가 아니란 말이야. 그 애 나이가 벌써 서른이야, 서른!」

어머니의 꾸중을 듣고 나리는 풀이 죽어서 제 방으로 돌아왔다. 곧 뒤따라 들어온 철이가

「나리야, 네가 말한 그 "선을 보아도 타오르지 않으면"이라는 걸로 공부를 시작할까.」

「공부?」

「그래, 지난번에 이어서 화학 공부를 하는 거다. 전번에 원자와 원자의 결합에 대한 이야기를 했었지. 결합하는 방법은 알았겠지만 어떻게 해서 결합하는지에 대해서는 이야기하지 않았지.」

「원자도 맞선을 봐도 결합하지 않는 경우가 있다는 거야?」

「그래, 맞았어. 우주 공간에서 고독한 방랑을 계속하던 원자끼리라면 만나자마자 금방 반응할지도 모르지. 하지만 지구 위에 있는 물질은 이미 어떤 안정상태로 되어 있는 거야. 그러니까 두 분자나 이온이 그저 충돌했다고 해서 반응한다는 건 아니야. 요전에 나왔던 안정된 수소와 안정된 산소와의 반응부터 생각해 보기로 하자.

실험실 속에서 수소와 산소를 섞어줘도 그냥 그대로는 반응이 일어나지 않는다는 건 알고 있지.」

「응, 폭명기라는 거지? 시험관 입구를 손가락으로 누르고, 성냥을 켜서 입구 가까이에 가져가 살며시 손가락을 떼 주면 '팍' 하는 소리를 내면서 폭발하는 거.」

「그래, 그거야. 그런데 전에 1㎤의 공기 속에는 분자가 10^{19}개나 들어 있다고 했었지. 정확하게 말하면 0℃, 1기압인 공기 속에는 2.69×10^{19}개가 들어 있는데, 이만한 분자가 유리구슬을 상자 속에 넣어 둔 것처럼 가만히 있는 게 아니야. 매우 빠른 속도로 돌아다니고 있는 거다. 이 속도가

책에 따라서 조금씩 다르게 되어 있어서 곤란하단 말이야. 조금 전에 찾아봤더니

0℃, 1기압의 기체 속의 분자의 평균속도

	책 A	책 B	책 C
수소분자	1690m/s	1700m/s	1770m/s
산소분자	420m/s	425m/s	467(공기)

와 같았지. 책 B의 값을 취한다면 제일 가벼운 수소분자는 1초 동안에 1700m나 되는 속도로 달리고 있는 셈이야.

만일, 우주 공간과 같이 다른 분자가 거의 없는 곳에서 0℃였다고 하면, 지금 여기에 있었던 수소분자가 1초 뒤에는 1700m나 떨어진 저쪽으로 날아갔다는 것이 돼. 음속은 331m/s이니까, 대충 마하 5의 속력이야. 그러나 1㎝ 속에 10^{19}개나 되는 분자가 들어 있는 1기압의 기체에서는 곧장 달려갈 수 있는 평균 거리는 불과 1220×10^{-8}㎝라는 거다. 간단하게 계산해서

$$\frac{1700m}{1220 \times 10^{-8}cm} = \frac{1700}{1220} \times 10^{10}$$

$$= 1.4 \times 10^{10}회$$

1초 동안에 10^{10}번, 즉 10억 번이나 다른 분자와 충돌하면서 방향을 바꾸어가고 있는 거야. 알겠니? 기체라는 건 이와 같이 어지럽게 충돌했다가는 튕겨 나오는 무수한 분자로 이루어져 있단다. 압축하면 기체의 부

피가 수축되는 것은 이 직선으로 움직이는 평균 거리가 수축한다는 걸 말하는 거다.」

「1초 동안에 10억 번이나.」

「그러나 이건 평균해서 그렇다는 것이고, 같은 0℃에서도 순간적으로는 거의 정지상태에 있는 수소분자도 있는가 하면, 5000m/s라는 속력으로 움직이는 분자도 섞여 있을지 몰라. 아무튼 평균해서 1700m/s의 속력으로 서로 충돌하고 튕겨 나오고 하는 거다.」

「굉장한 만남이구나.」

「그렇게 맹렬하게 충돌하지만 H_2와 O_2분자는, 0℃에서는 단지 튕겨 나올 뿐이란다.」

「H—H, O=O의 결합이 매우 강한가 보다.」

「그래, 그렇단다. 원자상태의 H와 H라면 금방 반응해서 H_2가 되지만, H_2가 되어서 안정된 결합상태가 되면 웬만해서는 떨어지지 않아. O_2도 마찬가지이고.

자, 그럼 여기서 먼저 열의 정체에 관해서 언급해야겠는데, 오늘의 줄거리에서 벗어나면 안 되니까 간단히 할 거야. 하여튼, 우리는 이 분자의 활발한 정도를 나타내는 척도를 온도라고 한다고 생각해 둬.

열을 가한다는 것은 분자에 운동에너지를 주는 것이야. 온도가 높을수록 그 속의 분자의 운동은 맹렬해지거든.

그래서 수소와 산소의 혼합기체에 성냥불을 가까이 가져가서 일부 분자에 열을 주면, 그 분자는 갑자기 속력이 증가해 맹렬하게 충돌하게 되

는 거다. 그러면

$$H_2 \rightarrow H + H$$

$$O_2 \rightarrow O + O$$

와 같이 결합이 끊어지게 돼. 그리고 생성된 원자상태의 H나 O가 만나게 되면 금방 반응하는 거야. 그래서 '펑' 하는 소리를 내면서 폭발적으로 화합을 하게 되는 거란다.」

「그럼 가열한다는 건 안정된 분자를 불안정한 원자로 만들어 주기 위해 결합을 끊어주는 거네.」

「그렇단다.」

「하지만 이상해.」

「뭐가?」

「그렇잖아?

$$H_2 \rightarrow H + H$$

로 갈라진 수소원자가 또

$$H + H \rightarrow H_2$$

로 수소분자로 되돌아가면 될 텐데 왜

$$2H_2 + O_2 \rightarrow 2H_2O$$

로 반응해서 물이 되는 거야?」

「과연 그렇구나. 나리도 꽤 좋은 걸 지적하는데. 이렇게 생각해 보면 어떻겠니? 나리가 졸업을 하고 디스코 클럽에 갔다고 해보자. 상대가 없어서 한쪽 구석에 서 있기란 아무리 생각해도 따분할 거야. 그래서 상대가 있으면 누구든 함께 춤을 추게 되겠지.」

「누구든 간에 추다니 그건 좀 심해.」

「그런데 만일 거기에 애인이라도 나타난다면, 음악이 일단 끝나기를 기다렸다가 다음 차례는 애인과 춤을 추지 않겠니?」

「어머….」

「구석에 홀로 있을 때가 원자상태의 H, 어쨌든 일단 안정된 상태로 춤을 추기 시작하는 게 H_2의 분자상태, 음악이 일단락되는 게 점화, 그리고 애인과의 춤이 H_2O라고 생각하면 될 거다.」

「일단의 안정과 본격적인 안정이란 말이네.」

「그래, 아무리 애인이 왔다고 해도 연주 중에 당장 손을 떼고 그에게로

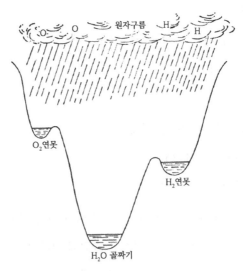

그림 5-1 | 화합물에는 안정단계가 있다

가는 건 예의에 어긋나지 않니? 그런 까닭으로 H_2와 O_2도 어느 온도가 되기까지는 그대로 있는 거라고 생각하면 되는 거야.」

「그래, 알 것 같아.」

「그럼 이런 비유는 어떨까(그림 5-1)? 구름 속에 물방울이 있는데 이걸 원자상태라고 하자. 이 높이 떠 있는 불안정한 구름으로부터, 물은 비가 되어 내려와 산 중턱에 있는 웅덩이에 고이게 돼. 거기서 일단 안정되어서 있다가 그대로 연못이 되는 거다. 그러나 지진이 일어나 물이 흔들려서 뚝으로부터 넘쳤다면 어떻게 되겠니? 단번에 골짜기로 떨어지겠지.

즉 H, O, H_2, O_2, H_2O의 상태 속에서 H_2, O_2는 도중의 안정상태, H_2O가 최종적인 안정상태이다. 따라서 점화해서 일단 반응이 시작되면 발생하는 열로써 반응이 연쇄적으로 연달아 일어나고, 결국에는 전부 가장 안정된 H_2O로 된단다.

$$2H_2 + O_2 \rightarrow 2H_2O$$

의 반응이 끝나는 셈이지.」

「응, 과연. 지구 위의 물질은 어쨌든 일단 안정상태로 되어 있기 때문에, 더욱 안정한 곳으로 가고 싶어도 한 번은 그 일단의 안정상태를 깨트려야 하는 셈이네.」

「그래, 맞아. 그 수단으로서 대개의 경우, 열을 가해 주는 거란다. 때로는 전기불꽃, 또는 빛에 의해서 반응이 진행되는 경우도 있지.」

「철이 뜨겁지 않아도 서서히 녹이 스는 건 연못 바닥으로부터 물이 스며 나와서 골짜기로 흘러가는 것과 같은 현상이겠네.」

「제법 그럴듯한 표현인데 그렇다면 인공적으로 둑에다 구멍을 뚫어도 되지 않겠니?」

2. 촉매라는 중매쟁이

「구멍을 뚫다니…, 점화와 별도로?」

「점화는 지진과 같이 크게 흔들려서 물이 둑을 넘쳐 흐르는 거야. 그보다 훨씬 조용히 물을 흘려보내는 방법이 있단다.」

「서서히 가열하는 건가?」

「가열하는 건 분자의 속력을 높이는 것으로, 점화와 같은 거야. 그것 말고도 안정을 깨뜨리는 방법이 있단다. 백금주머니난로라는 걸 아니?」

「응 그거, 돌아가신 할머니께 있었어.」

「그건 수소가 아니라 가솔린을 태우는 건데, 가솔린도 점화하면 맹렬하게 연소하지. 종이와 혼합해서 전기불꽃으로 점화하면 폭발적으로 연소하기 때문에 자동차의 엔진에 사용된단다. 그런데 같은 가솔린이 백금주머니난로 속에서는 따끈따끈할 정도로만 연소하니까 화상도 입지 않고 불도 나지 않잖니.」

「정말 그러네….」

「그건 백금해면이라는 게 한몫하고 있는 거야.」

「아, 알았다. 촉매지!」

「그래 맞았어. 촉매를 쓰면 반응이 빨리 진행돼. 촉매의 '매'라는 한자는 '媒'로 쓰는데, 이건 '중매 매' '중신 매' 등으로 읽고, 중매인이란 뜻이란다. 적령기의 청춘남녀가 많아도 자연스레 결합하는 경우가 많지 않으니까, 중매쟁이가 나서서 서로를 만나게 해주면 빨리 성사가 되는 거야.」

「어머니처럼 몇 번이나 중매를 하셔도 성사가 안 되는 경우도 있잖아.」

「촉매도 마찬가지란다. 원래 반응하지 않는 물질은 아무리 촉매를 쓴들 반응하지 않는 거야. 반응할 가능성이 있는 물질의 반응을 촉진시키는 게 촉매의 역할이란 말이다.」

「어떻게 촉진시키는 거야?」

「중매쟁이는 말을 잘해서 결혼할까 하게 만드는 거고, 촉매는 연못 뚝에 구멍을 뚫어서, 조금만 흔들려도 물이 흘러나가게 만드는 거야. H_2나 O_2 분자를 일단 촉매의 표면에 흡착시켜 H—H의 결합이나 O=O의 결합을 약화시키는 거지.」

「그럼 반응하는 물질을 잘 흡착하는 게 촉매가 되겠네.」

「그래, 그렇지. 백금과 같은 건 상당히 여러 가지 반응의 촉매가 된단다. 이산화망간은 염소산칼륨이나 과산화수소를 분해해서 산소를 만드는 경우에 잘 사용하는 촉매란다.

그런데 말이다. 같은 촉매작용을 하는 물질의 무리에 효소라는 게 있어. 녹말을 소화하는 효소가 아밀라아제라는 건 알고 있을 거야.」

「응, 중학교 때 배운 것 같아.」

「아밀라아제는 녹말에만 작용하지. 단백질이나 지방은 소화할 수 없어. 이와 같이 효소는 촉매작용을 하는 반응이 명백하게 정해져 있단 말이다. 이 점이 백금이나 이산화망간 등의 무기화합물 촉매와는 다른 점이야.

생물체 안에는 많은 종류의 물질이 있는데, 이것들은 체내에서 효소의 작용에 의해서 차례차례로 반응이 연속적으로 일어나고 있고, 그 결과 생물로서의 활동을 하고 있는 거란다. 그러니까 생물이란 일련의 효소의 조합을 가진 물질계라고 할 수 있겠지.」

「그럼 효소의 연구는 생물의 활동을 알기 위해서는 매우 중요한 일이네.」

「그래. 지금 에너지 절약의 일환으로 태양에너지를 이용하는 연구가 한창이지 않니? 하지만 식물은 옛날부터 광합성 과정에 태양에너지를 이용하고 있단다. 식물의 광합성을 촉진시키는 어떤 효소를 인공적으로 만들 수 있게 된다면, 공장에서 광합성에 의해 석유와 같은 걸 만들 수 있게 될지도 모르지.」

「멋있어! 그런 연구를 해 보고 싶어.」

「그러고 싶으면 먼저 기초화학부터 통달해야지.」

「아, 그게 현실이군. 꿈을 꾸기는 쉬워도 꿈을 실현시키기 위해서는 현실을 한 걸음, 한 걸음 착실하게 걸어가는 방법밖에 없다고 선생님이 말씀하셨어.」

「그러니까, 현실로 돌아가야지. 반응을 촉진시키는 또 하나의 조건이 있단다.」

3. 역시 만나지 않고서는 시작되지 않는다

「그 조건이란 충돌하는 기회를 많게 해 주어야 한다는 거야.」

「난 또 뭐라고. 그야 당연하지 뭐. 충돌하지 않고서는 아무리 반응하기 쉬운 것이라도 반응할 수 없는 걸 뭐.」

「그래, 그런 거야. 여기에 우주 공간과 지구에서 화학의 차이를 생각할 조건이 있다는 거다.

수소와 산소가 반응하면 최종 생성물은 물인데, 도중에 OH라는 분자의 계단을 통과한다고 하자. 충돌하는 횟수가 엄청나게 많은 지구의 환경에서는, OH가 존속하는 시간은 극히 짧기 때문에 없는 거나 같아. 그런데 우주 공간에서는 좀처럼 충돌이 일어나지 않으니까, 이 중간단계의 OH 분자가 어느 정도의 시간 동안 존재한다고 말했었지.」

「그래. 이젠 C_2가 가위표인 이유도 알았어.」

「그러니까 반응을 촉진시키기 위해서는 충돌 횟수를 늘리는 것도 하나의 조건이란 걸 알 수 있을 거야. 즉 단위 공간 속의 분자수, 즉 분자농도를 크게 해 주어야 하는 거야.」

「압력을 가해서 부피를 수축시키면 되겠네.」

「기체인 경우는 그렇지. 액체의 경우에는 농도가 반응과 일정한 관계를 갖는 걸 알겠지. 보통 실험실에서 침전을 만드는 반응은 농도가 꽤 묽더라도 거의 순간적으로 반응이 진행돼. 그러나 유기화학물의 반응에서는 1시간이나 2시간으로는 쉽사리 진행되지 않는 경우가 많단다. 그런 경우에는 농도의 영향을 볼 수가 있는 거야.

매실주나 된장 같은 건 1, 2년이고 오래 둘 것 같으면 맛이 짙어진다고 하지 않니. 그건 극히 미량의 물질이 천천히 반응해서 새로운 물질로 되어 간다는 걸 말하는 거야.」

「그럼 온도를 높여 주거나 어떤 적당한 촉매를 넣어 주면 맛이 빨리 짙어지겠네.」

「하하, 과연 현대인다운 생각이군. 확실하게 반응이 일정하고 다른 반응이 일어날 가능성이 없다면 그렇게도 할 수 있겠지. 그러나 상대는 아직 정체를 알 수 없는 화합물이 여러 종류가 섞여 있는 것이야. 자칫 잘못 가열할 것 같으면 터무니없는 반응이 일어나지 않는다고 장담 못 한단 말이야. 아직도 할아버지들의 직감이나 자연의 경과에는 화학이 미치지 못하는 세계가 있는 거야.」

「음…. 분한데.」

「매실주의 화학, 이것만으로도 박사 논문 한두 개는 쓸 수 있을 정도로 연구할 일이 많은 거야. 하지만….」

「아, 그다음에는 무슨 말이 나올지 알아. 먼저 기초화학을… 이지.」

「하하하, 그럼 그 기초화학을 위해서 오늘 공부한 걸 정리해 볼까.

화학반응을 촉진시키는 조건은 세 가지가 있다.

1. 농도를 높인다(분자의 충돌 횟수를 많게 한다).

2. 온도를 높여준다(충돌하는 세기를 강하게 해서 일시적인 안정을 깨뜨린다).

3. 촉매를 쓴다(일시적인 안정의 결합을 완화한다).」

「히히, 역시 내가 말한 게 맞았군. 어머니라는 촉매가 맞선을 여러 번 주선했지만 반응이 일어나지 않는 건 열이 부족한 탓이라는 거지.」

「인간의 결합법칙은 심리학에 맡겨 둘 일이고, 화학반응에서는 분명히 열이 중요한 역할을 하고 있는 거다. 화학반응이 일어나서 그 결과로 열을 방출하는 반응은 물질이 연소할 때와 같이, 방출하는 열로써 반응이 더욱 빨라지는 거다.

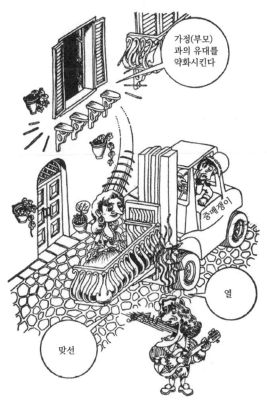

그림 5-2 | 소중한 딸을 시집보내는 세 가지 조건

반대로 반응하면 열을 흡수하는 반응에서는 밖으로부터 열을 자꾸만 공급해 주지 않으면 식어서 반응이 멎어 버리게 돼.」

「어머, 열을 흡수하는 반응도 있나?」

「있지. 앞에서 말한 무질서가 증대하는 반응, 즉 일어나기 쉬운 반응은 대부분이 발열반응이라고 생각해도 돼. 반대로 창조, 진화의 방향인 반응은 열을 흡수하는 반응이라고 생각해야 할 거다. 식물의 광합성도 태양의 광에너지를 흡수해서 일어나지 않니.」

「그러고 보니 그래.」

「화학반응과 열에 관해서는 다음에 기회를 봐서 다시 이야기하기로 하지.」

「들어야 할 게 많겠네.」

나리는 즐거움으로도, 실망으로도 느껴지는 한숨을 내쉬었다.

VI. 짜증나는 화학반응도 패턴으로 갈라놓고 보면…

1. 강한 자여, 그대는 승자이니라

「나리야 나랑 산책할래?」

「어머머, 웬일이야? 오빠가 나하고 산책을 가겠다니. 하지만 좀 쑥스러운데.」

「뭘, 그래. 그저 그렇게 산책을 나갔다고 생각하란 말이야.」

「아니 그럼 정말로 가는 게 아니었어?」

「하하하, 공부야. 공부를 해야지.

전번에는 화학반응이 일어나는 일반론과 같은 이야기를 했었지. 일단 안정상태에 있는 화합물도 보다 더 안정된 상태를 목표로 반응을 일으킨다. 그리고 그 반응을 촉진시키는 조건이 세 가지가 있다는 걸 말했었지.

그러나 나리가 학교에서 배우는 화학반응에는 여러 가지 종류가 있어서 어떤 게 보다 안정된 상태인지는 잘 모를 거야. 그래서 결국 하나하나의 반응을 외울 수밖에 없다고 생각하겠지.」

「그래그래. 그래서 외우는 수밖에 없잖아?」

「하지만 덮어놓고 외우는 것보다는, 거기에 어떤 법칙성이 있다면 훨씬 외우기가 쉽지 않겠니. 그런 이유로 오늘은 너희들이 배우는 화학을 몇 가지 유형으로 나누어서 생각해 보려는 거다.

그래서 지금 오빠와 너랑 둘이서 공원을 걷고 있는데, 저쪽에서 네 친구인 한나가 오고 있다고 해. 그래서 내가 "얘 나리야, 넌 먼저 돌아가거라. 나는 한나와 이야기할 게 있으니까."라고 했다면, 넌 어떻게 할 거야?」

그림 6-1 | 반응의 유형 ① = 강자가 약자를 내쫓는다

「어머, 오빠 한나한테 마음이 있나 봐? 그 앤 미인이고 머리도 좋거든. 그래, 좋아. 한나라면 용서해주지.」

「야, 지금 화학 공부를 하고 있는 거야. "그럼, 나 혼자 돌아갈게." 하고 응해 주어야 하는 거야. 즉 이런 반응이 일어났다고 말하고 싶은 거야.

오빠·나리+한나 → 오빠·한나+나리

이 경우, 오빠와 나리가 결합하고 있던 세기보다도 오빠와 한나의 결합력이 더 강하기 때문에, 네가 한나한테 쫓겨난 걸로 되지 않겠니?」

「네네, 좋아요. 난 기꺼이 쫓겨나 드릴게요.」

「이와 같이 일단 안정된 결합을 하고 있는 원자라도, 더 안정된 결합을 할 수 있는 원자를 만나면 상대를 바꾸는 반응을 하게 된다는 거지.

예를 들면 이런 경우야.

요오드화칼륨(KI)이라고 불리는 무색의 네모난 결정을 가진 화합물이 있어. 이건 칼륨원자와 요오드원자가 이온결합을 한 화합물이야. 이걸 물에 녹이면 무색용액이 된단다. 여기에 염소기체(Cl_2)를 뿜어 넣어 주면 용액은 금방 갈색으로 변화하지.

이것은 염소가 칼륨과 결합하는 힘이 요오드보다 강하기 때문에, 염소가 요오드를 쫓아내는 결과란다. 이 갈색은 요오드의 색깔이야. 즉

요오드화칼륨 + 염소 → 염화칼륨 + 요오드

$$2KI \quad + \quad Cl_2 \rightarrow \quad 2KCl \quad + \quad I_2$$

와 같이 반응이 일어난 거다.」

「칼륨이 오빠고, 요오드가 나고, 염소가 한나란 말이군.」

「그래, 맞아. 반대로 염화칼륨 용액에 요오드를 가해도 반응은 일어나지 않아. 즉 칼륨과의 결합력이 약한 건 강한 걸 쫓아낼 수가 없는 거란다.」

「수용액이 아니면 안 되는 거야?」

「아니, 그렇지는 않아. 요오드화칼륨의 결정에 염소를 뿜어주어도 결정의 표면이 갈색으로 변한단다. 즉 반응하는 거다. 그러나 염소가 속까지는 들어가지 못해. 하지만 물에다 녹이면 요오드화칼륨은 뿔뿔이 흩어지게 되니까 모두가 반응하는 거야.

조금 다른 각도에서 생각해 볼까. 요오드화칼륨은 이온결합 화합물이니까 앞에서 공부한 소금의 경우와 마찬가지로, 결정 속에서는 K^+와 I^-가 하나씩 건너서 배열되어 있던 것이, 물에 녹으면 이온이 분산되어 물속으로 흩어지는 거야. 식으로는

$$KI \rightarrow K^+ + I^-$$

로 나타낼 수 있단다. 여기에 염소를 통해 주면 염소와 반응하는 건 사실은 I^-니까

$$2I^- + Cl_2 \rightarrow 2Cl^- + I_2$$

가 되는 거다. 즉 염소가 전자(마이너스전기)를 끌어당기는 힘이 요오드보다 강하기 때문에 이 반응이 일어나는 거란다.」

「이렇게 생각하면 K^+는 관계가 없다는 거네.」

「그래, K^+ 즉 오빠는 요오드와 염소가 여자친구의 자리를 서로 쟁탈하는 걸 가만히 보고 있는 거지 뭐.」

「아, 그런 비유는 싫어. 난 오빠의 여자친구가 아니야.」

「그럼. 이번에는 (+)이온이 남자친구의 자리를 놓고 쟁탈전을 벌이는 경우를 생각해 볼까.

질산은($AgNO_3$)이라는 무색 결정이 있는데, 이건 은이온(Ag^+)과 질산이온(NO_3^-)이 이온결합을 이루고 있는 화합물이야. 물에 녹으면 다음과 같이 이온화돼.

$$AgNO_3 \rightarrow Ag^+ + NO_3^-$$

이 질산은 용액 속에 구리줄을 매달아 두는 거야. 얼마 후 구리줄의 표면이 흰빛을 띠고 이윽고 반짝반짝 빛나는 은의 결정이 나뭇가지처럼 뻗어나가는 걸 볼 수 있단다. 그리고 처음에는 무색이었던 수용액은 차츰 푸른빛을 띠게 돼. 이 푸른빛은 구리이온(Cu^{2+})의 색깔이야. 즉 용액 속에서

$$2Ag^+ + Cu \rightarrow 2Ag + Cu^{2+}$$

라는 반응이 일어나서, 은이 구리줄 표면에 붙게 되는 한편, 용액 속에는 Cu^{2+}가 녹아 나오게 되는 거야.」

「구리 쪽이 (+)전기를 갖는 힘이 은보다 강하단 말이지?」

「그래. (+)전기를 갖는다는 것은 전자를 떼어 놓는 게 아니니. 그러니까 전자를 떼어 놓는 힘이 은보다 구리가 강하다는 거야.」

「이 경우에도 반대 반응은 일어나지 않는 셈이네?」

「그래, 반대로 질산구리 용액에 은을 넣어도 구리는 나오지 않아.

이와 같은 실험에서 자주 하는 것이 납나무 실험이야. 아세트산납의 수용액 속에 아연 덩어리를 매달아 두면, 양치식물의 잎사귀 같은 아름다

운 납나무가 만들어진단다.」

「잠깐만 오빠. 이야기 중에 미안하지만 어째서 매단다고 하는 거야? 그냥 용액 속에 넣어 주면 안 돼?」

「반응이 일어난다는 점에서는 어떤 방법으로 넣어 주든 상관이 없어. 하지만 아름다운 납나무를 만드는 데는 매달아야 하는 거야.」

「어째서?」

「그건, 지금 문제로 삼고 있는 반응과는 별개의 일이지만, 납나무가 성장할 때 자꾸 지구 중력의 영향으로 밑으로 성장하면 잘 뻗기 때문이야. 위로 성장하면 뒤죽박죽으로 덩어리져서 아름다운 가지 모양이 되질 않는단다. 즉 결정을 아름답게 뻗게 해주려고 아래쪽으로 성장시키는 거야. 그래서 위에서부터 매달아야 한다는 거지.」

「응, 그렇구나. 비눗방울을 만들 때도 밑으로 향해서 부는 게 쉬운 것처럼.」

「자, 그럼 본론으로 돌아가자. 이때의 반응은 다음과 같이 생각하면 되는 거야. 즉

아세트산납의 수용액 속에는 납이온(Pb^{2+})이 있고, 그 속에 아연을 넣으면

$$Pb^{2+} + Zn \rightarrow Pb + Zn^{2+}$$

로 치환된 거다.」

「아연이 납보다 전자를 떼어 놓는 힘이 강하다는 거군.」

「그래. 이와 같이 금속화합물의 수용액에 다른 금속을 넣어 주었을 때,

넣은 금속이 이온으로 되려는 힘(전자를 떼어 놓는 힘)이 강하면, 처음에 녹아 있던 금속이 금속나무가 되어 석출하게 되는 거다. 그러므로 여러 가지 금속과 금속화합물을 짝지어 이런 실험을 해보면, 금속의 이온이 되는 힘의 세기의 순서가 정해질 것이다. 이걸 **이온화경향서열**이라고 부른단다.

K. Ca. Na. Mg. Al .Zn. Fe. Ni. Sn. Pb

(H) Cu. Hg. Ag. Pt. Au

이 서열의 왼쪽으로 갈수록 이온으로 되는 힘, 즉 전자를 떼어 놓는 힘이 강해지는 거다.」

「이 서열의 오른쪽에 있는 금속화합물의 수용액에 왼쪽에 있는 금속을 넣으면, 오른쪽 금속이 석출해서(즉 이온으로 있던 것이 이온이 아닌 상태가 되어) 금속나무가 생성되는 거네.」

「그래, 그런 거야. 다만 반응은 반드시 수용액 속에서만 일어나는 건 아니야. 전쟁 중에 소이탄으로 사용된 테르밋이라는 게 있는데, 물론 평화 시에도 철로의 접합 등에도 쓰이고 있어. 이건 알루미늄가루와 산화철가루를 혼합한 것이야.

이걸 점화하면 맹렬하게 불꽃을 내면서 반응하게 된다..

$$2Al + Fe_2O_3 \rightarrow Al_2O_3 + 2Fe$$

즉 철과 결합해 있던 산소를 알루미늄이 빼앗아 버리는 반응이지. 이때 나오는 열로서 생성된 철이 녹아 나오기 때문에 철의 용접에 사용한단다.」

「그럼 철이나 알루미늄이 아니라도 이 이온화경향서열의 오른쪽에 있는 금속화합물에, 왼쪽에 있는 금속을 섞어서 반응을 일으키면 이 경우와 마찬가지로 오른쪽 금속이 석출되는 셈이군?」

「그렇지. 알루미늄은 오늘날 가장 흔히 볼 수 있는 금속 중 하나란다. 알루미늄박, 알루미늄새시, 지금은 쓰이지 않지만, 일 원짜리 동전 등 ……. 그런데 이 알루미늄을 나폴레옹에게 바쳤다는 이야기도 있는 걸 보면, 나폴레옹 시대에는 알루미늄이 귀금속처럼 귀중했던 모양이야. 요즈음과 같이 값싼 전기분해법에 의해서 알루미늄을 만드는 방법이 아직 발명되지 않았었기 때문이었지.」

「그럼 그 당시에는 어떻게 만들었지?」

「응, 그건 조금 전에 말한 테르밋을 이용한 반응으로 만든 거야. 알루미늄보다 이온화경향이 강한 나트륨을 사용하는 등의 반응으로 알루미늄이 석출되는 거지.

$$Al_2O_3 + 6Na \rightarrow 3Na_2O + 2Al$$」

「그럼 이 이온화경향서열은 잘 외워둬야겠네. 어느 것이 강한 금속인지를 알 수 있을 테니까.」

「그렇지. 그래서 이걸 쉽게 외우는 방법이 있단다.

"칼슘이라도 알아야 철, 니켈, 주석을 납득하고 수은, 백금까지도……"

이렇게 말이야.」

「그게 뭐야?」

「응. 이건 말이야.

K Ca Na Mg Al Zn Fe Ni Sn Pb
칼슘 이 나 마 알 아 야 철 니켈 주석 도 납득
(H) Cu Hg Ag Pt Au
해 구 수 은 백 금 까지도

이렇게 각 금속의 이름을 따서 말을 만들어 본 거야.」

「응, 이 말을 외워 두면 이온화경향서열을 생각해 낼 수 있겠네. 멋진데, 친구한테 써먹어야지.

그런데 이건 뭐야? 왜 여기 ( ) 속에 H가 들어 있지? 수소는 금속이 아니잖아?」

「그래, 수소는 금속이 아니야. 하지만 금속과 마찬가지로 (+)이온으로 되는 거란다. 전자를 떼어 놓는 힘을 금속과 비교하면, 바로 이 자리에 들어간다는 뜻이야.」

「그럼 덤으로 끼워 준 거군.」

「덤이라니. 그렇게 깔보다가는 수소한테 한 방 먹을걸. H^+는 짜릿하고 얼얼한 신맛으로 혀를 톡 쏘는 거야.」

2. 수소를 쫓아낼 수 있는 금속과 쫓아낼 수 없는 금속

「그러니까 H^+라는 건 산성의 책임자란 말이다. 어떤 산이라도 물에 녹으면 H^+를 방출한단다. 예를 들면 염산(HCl)은,

$$HCl \rightarrow H^+ + Cl^-$$

황산(H_2SO_4)은

$$H_2SO_4 \rightarrow 2H^+ + SO_4^{2-}$$

와 같이.

그래서 그 산의 용액 속에 이온화경향서열의 H보다 왼쪽에 있는 금속, 가령 마그네슘을 넣었다고 하자. 그러면 어떤 반응이 일어날 거라고 생각하니?」

「글쎄, 용액 속에 H^+가 있고 거기에 그보다 이온이 되는 힘이 강한 마그네슘이 왔으니까 전하가 치환되겠지.

$$H^+ + Mg \rightarrow H + Mg^+$$

로 되잖아?」

「응, 그렇기는 하지만 Mg^+로는 안 돼. Mg의 원자가 전자는 몇 개였지?」

「아 그래, 2가였어. 그러니까

$$2H^+ + Mg \rightarrow H_2 + Mg^{2+}$$

라고 하면 되겠구나.」

「글쎄다. 하지만 H_2는 기체니까 금속나무를 만들지는 않고 거품이 되어서 밖으로 나가 버릴 거야. 이 반응을 이온식이 아닌 완전한 반응식으로 나타내면

$$Mg + H_2SO_4 \rightarrow MgSO_4 + H_2 \uparrow$$

가 되는 거다.」

「아, 그렇다면 수소의 제조법에서 아연과 묽은 황산을 섞은 경우도 같은 경과가 되겠네.

$$Zn + H_2SO_4 \rightarrow ZnSO_4 + H_2 \uparrow$$

라는 반응 말이야.」

「그래그래, 그때도 이온반응식으로 나타내면

$$2H^+ + Zn \rightarrow H_2 + Zn^{2+}$$

라는 똑같은 치환반응이지. 일반적으로 다음과 같이 쓸 수 있겠지. 금속을 M이라 하고, 산을 HA라고 하면

$$M + 2HA \rightarrow MA_2 + H_2$$」

「그렇군. 이걸 외워 두면 금속과 산의 반응은 당황하지 않겠네.」

「그런데 너희들이 잘 틀리는 반응식으로 이런 게 있단다.

$$Cu + H_2SO_4 \rightarrow CuSO_4 + H_2$$

자, 이게 어째서 틀렸는지 설명할 수 있겠니?」

「그건… 아 맞다. Cu는 이온화경향서열에서 H보다 오른쪽에 있으니까 H^+에게 전자를 내어 주고 자신이 Cu^{2+}가 되는 힘이 없기 때문에 반응이 일어나지 않으니까.」

「그래, 맞았어. 바로 그 때문이야. 너도 이젠 꽤 알게 됐는데. 아까 나리는 (H)를 덤으로 넣어 주었다고 말했는데 어때 지금도 그렇게 생각하니?」

「알았어, 알았다고.」

3. 파트너의 짝 바꾸기

—1. 멋있는 짝이 되는 경우 —

「자, 그럼 이번에는 화학반응이 일어나는 다른 형태를 생각해 보기로 할까. 오빠와 나리가 산책을 가는 거다.」

「또, 산책이야!」

「그래, 공원에 가보면 여기저기에 아베크가 있지만 모르는 사이니까 서로 돌아보지도 않겠지. 그런데 얼마쯤 가다 보니까 벤치에 한나와 훈이 가 나란히 앉아 있잖니. 우리를 보자 한나가 "어머, 철이네" 하고 다가왔 고, "아, 한나" 하고 오빠는 한나의 손을 잡고 공원에서 나가버려. 그래서 할 수 없이 나리는 훈이와 같이 벤치에 앉았다.」

「오빤 넉살도 좋아 한나가 들었다면 화를 낼걸.」

「그래 좋으니까, 내 이야기나 들으렴. 어쨌든 이래서 짝 바꿈을 하게 됐지. 오빠를 C, 나리를 N, 훈이를 H, 한나를 A라고 하면

$$C \cdot N + H \cdot A \rightarrow C \cdot A + H \cdot N$$

으로 된 거야.

자, 이런 형식의 화학반응을 생각해 보자꾸나. 염화나트륨($NaCl$)의 수 용액에 질산은($AgNO_3$)의 수용액을 가하면 흰 침전이 생긴단다.」

「그래, 그 실험 학교에서 했어.」

「이 반응을 식으로 나타내면

$$NaCl + AgNO_3 \rightarrow AgCl \downarrow + NaNO_3$$

가 돼. 즉 짝 바꿈을 한 거다. 그건 $AgCl$이 침전하기 때문이야. 말하자면

오빠와 한나의 커플이 둘이서만 이야기하고 싶어서 공원 밖으로 나가 버리듯 말이야.

이걸 이온반응으로 생각하면, 염화나트륨이나 질산은도 모두 이온결합 화합물이므로 물속에서는 전리되어 있는 거다.

$$NaCl \rightarrow Na^+ + Cl^-$$

$$AgNO_3 \rightarrow Ag^+ + NO_3^-$$

그러니까 이 두 수용액을 혼합한다는 건, 이 네 종류의 이온을 섞어주는 것이 되지.

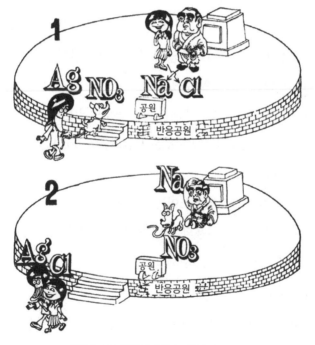

그림 6-2 | 반응의 유형 ②=침전이 생긴다

그런데 Ag^+와 Cl^-이 충돌하면 물에 녹지 않는 $AgCl$로 되어 버린단다.

$$Ag^+ + Cl^- \rightarrow AgCl \downarrow$$

따라서 용액 속에는 Na^+와 NO_3^-가 남게 되는 거지.」

「그럼, 만일 네 가지 종류의 이온을 섞어도, 그 속에 물에 녹지 않는 화합물을 만드는 짝맞춤이 없다면 반응을 하지 않는단 말이야?」

「그렇지. 모르는 아베크가 스쳐 가는 것과 같은 거지 뭐. 예컨대 염화나트륨 용액에 질산칼륨(KNO_3) 용액을 가했을 때가 그런 경우야.

$$NaCl \rightarrow Na^+ + Cl^-$$

$$KNO_3 \rightarrow K^+ + NO_3^-$$

그래서 Na^+, K^+, Cl^-, NO_3^-의 네 종류의 이온이 섞이지만, 그대로의 상태로 있을 뿐 변화는 나타나지 않아. 혼합이라는 물리변화일 뿐 화학변화는 일어나지 않는다고 말할 수 있지.」

「$Ag^+ + Cl^-$ 이외에도 침전이 되는 짝맞춤이 또 있는 거야?」

「그럼 있고말고. Ag의 화합물로는 브롬화은($AgBr$), 요오드화은(AgI)이 침전을 만든단다.

이것들은 사진의 감광제로 쓰이는 화합물이야.

황산화합물의 검출에 사용되는 시약을 알고 있지?」

「잠깐… 아 알았다. 염화바륨($BaCl_2$)이야.」

「그래 그것도

$$BaCl_2 + H_2SO_4 \rightarrow BaSO_4 \downarrow + 2HCl$$

이온식으로는

$$Ba^{2+} + SO_4^{2-} \rightarrow BaSO_4 \downarrow$$

의 반응으로 황산바륨의 침전이 생기기 때문이야.

이산화탄소를 검출할 때 석회수($Ca(OH)_2$) 속에 이산화탄소를 뿜어 넣으면 흰색 침전이 생기는 것을 배웠겠지?」

「응. 실험했어.」

「그때의 반응은

$$Ca(OH)_2 + CO_2 \rightarrow CaCO_3 \downarrow + H_2O$$

로 탄산칼슘 ($CaCO_3$) 이 침전해서 하얗게 혼탁되는 거란다.」

「그럼 석회수가 아니라도 칼슘화합물에 CO_2를 뿜어 넣어 주면 탄산칼슘이 침전하겠네?」

「응, 그건 좀 곤란해. 예를 들어 염화칼슘의 수용액에 CO_2를 뿜어 넣었다고 해. $CaCO_3$가 침전한다면

$$CaCl_2 + H_2O + CO_2 \rightarrow CaCO_3 + 2HCl$$

이라는 반응이 되겠지. 그런데 이 반응에서 생성되는 HCl은 염산인데, $CaCO_3$는 염산에는 녹아 버리기 때문에 반응은 반대 방향으로 진행되어 침전이 생기지 않는 거야.」

「음…. 그렇다면 앞에서 나온

$$BaCl_2 + H_2SO_4 \rightarrow BaSO_4 \downarrow + 2HCl$$

의 경우 $BaSO_4$는 염산에 녹지 않는단 말이야?」

「그렇지.」

「아, 까다로워. 뭐가 뭔지 모르겠어….」

「너무 서두르지 않아도 돼. 차차 익숙해지면 알게 될 테니까. 이 $CaCO_3$과 염산의 반응은 다음에 다시 이야기하겠지만, 침전이 생기는 이유부터 먼저 끝내도록 하자.

금속의 수산화물도 물에 녹지 않는 게 많단다. 그러므로 금속화합물의 수용액에 암모니아수(NH_4OH)를 가하면, 수산화물이 생성되어 침전하는 경우가 많아. 예컨대 황산제1철($FeSO_4$) 수용액에 암모니아수를 가하면 $Fe(OH)_2$의 초록색 침전이 생성되는 거다.

알루미늄의 경우도 마찬가지야. 황산알루미늄 수용액에 암모니아수를 가하면 $Al(OH)_3$의 흰색 침전이 생겨.

그리고 금속과 황의 화합물, 즉 황화물들도 침전을 만드는 경우가 많단다. 예를 들면 황산구리 수용액에 황화수소(H_2S) 기체를 통하면

$$CuSO_4 + H_2S \rightarrow CuS \downarrow + H_2SO_4$$

로, 황화구리(CuS)의 검은 침전이 생기지. 황화물의 색깔은 금속에 따라 여러 가지로 다르단다. 예를 들어 황화카드뮴(CdS)은 아주 아름다운 노란색, 황화아연(ZnS)은 흰색, 황화망간(MnS)은 분홍색 등을 나타낸단다.

그래서 금속의 분석에 황화수소가 쓰이는 거다.」

「휴…. 그런 색깔도 다 외워야 해?」

「나리는 금방 외울 걱정만 하니까 화학이 싫어지지. 익숙해지면 자연히 외워지는 거야.」

「오빠는 대학생이니까 그런 태평스러운 말을 할 수 있지. 시험 전에 자연히 외워질 기회가 언제 있어?」

「오빠도 고교 시절, 재수생 시절을 다 겪었기 때문에 오히려 그렇게 말할 수 있는 거야. 너희들의 시험이란 범위가 정해져 있잖니. 그러니까 덮어놓고 외워도 되겠지. 그래서 외운다는 것에만 중점을 둔단 말이야. 하지만 대학입시에서는 화학의 전체 범위에서 출제되기 때문에 무턱대고 다 외울 수는 없지 않니? 그러니 이치를 알고, 몇 번이고 여러 가지 반응을 보면서 익숙해지는 게 중요하단 말이다.」

「알았어. 침전과 익숙해져야 하겠네.」

「침전만으로는 안 돼. 반대로 위로 나오는 경우도 생각해 봐야지.」

「위로 나오다니?」

「그래. C, A 커플이 공원에서 나와 거리로 내려가는 게 침전이라고 한다면, 공원에서 산 쪽으로 올라가는 것, 다시 말해서 기체가 되어서 나가 버리는 경우도 있는 거란 말이다. 어느 경우나 공원이라고 하는 반응장소로부터 탈출한다는 점에서는 공통이겠지.」

4. 파트너의 짝 바꾸기
―2. 증발하는 커플이 생기는 경우―

「예를 들면 어떤 경우야?」

「이산화탄소의 제조법을 생각해 보렴.」

「이산화탄소라… 아 그래, 대리석에 염산을 가하는 것이지.」

「그래, 잘 기억하고 있군. 대리석이나 석회석은 화학적으로는 탄산칼슘이라고 하는 화합물이 주성분이란다. 그러므로 이런 반응이 일어나잖니?

$$CaCO_3 + 2HCl \rightarrow CaCl_2 + H_2O + CO_2 \uparrow \text{」}$$

「그래, 알았다. 조금 전에 CO_2를 통해서는 침전이 생기지 않는다고 한 반응의 역반응이구나.」

「그래그래. 역으로 진행하면 $CaCO_3$이 침전하지만, 이 경우에는 역반응이 일어나지 않고 CO_2가 발생하는 방향으로 진행되는 거야.

탄산칼슘이 아니더라도 탄산 ○○니 하는 화합물에 산을 가하면, 대개의 경우, 이산화탄소가 발생한단다. 레모네이드는 탄산수소나트륨

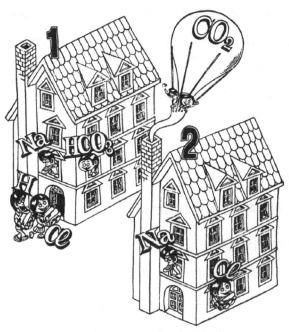

그림 6-3 | 반응의 유형 ③=기체로서 방출되는 경우

($NaHCO_3$)에 타르타르산(주석산이라고도 함)이라는 유기산을 가해서 CO_2를 발생시키는 거다. 불을 끄는 소화기는 탄산수소나트륨과 황산을 넣어서 만든 거야. 그럼 탄산수소나트륨에 염산을 가할 때의 반응을 생각해 볼까. 둘 다 이온결합화합물이니까 수용액 속에서는 이온화되어 있지.

$$NaHCO_3 \rightarrow Na^+ + HCO_3^-$$

$$HCl \rightarrow H^+ + Cl^-$$

와 같은 상태로 존재하는데, 두 용액을 섞어주면 서로 상대방과 이온을 교환하게 된단다.

$$Na^+ + Cl^- \rightarrow NaCl$$

$$H^+ + HCO_3^- \rightarrow H_2CO_3$$

여기서 생성되는 $NaCl$은 물에 잘 녹기 때문에 수용액 속에서는 $NaCl$이 아니라, Na^+와 Cl^-의 상태로 있는 거다. 그러나 한편 H_2CO_3는 약한 산이기 때문에 강한 산(이온화되기 쉬운)인 염산을 가해 준 환경에서는 염산에게 쫓겨나서

$$H_2CO_3 \rightarrow H_2O + CO_2 \uparrow$$

로 되어서 도망쳐 버린단다. 따라서 위의 반응을 정리하면

$$NaHCO_3 + HCl \rightarrow NaCl + H_2O + CO_2 \uparrow$$

라고 되는 거야.」

「어머, 그럼 침전처럼 그대로가 아니라 모양을 바꿔서 나오는 거네. C와 A의 경우는 어떻게 되는 거야?」

「이봐, C와 A는 쉽게 이해하기 위한 비유였잖아. 그래 좋아, C는 순간

적으로 도깨비로 변해서 A를 안고 하늘 높이 사라졌다고 하면 되겠니.」

「그럼, 거기에 요술쟁이나 하늘에서 밧줄이 내려와야겠네.」

「야, 그만둬. 화학 이야기나 하자. 이산화탄소가 물에 녹아서 생기는 H_2CO_3(탄산)은 약한 산이기 때문에 강한 산이나 열을 만나면 금방 CO_2가 되어서 공중으로 도망치는 거야. 그래서 이산화탄소의 제조법으로는 H_2CO_3이 생기는 반응을 생각하면 되는 거야.

석회석의 경우는

$$CaCO_3 + 2HCl \rightarrow CaCl_2 + H_2CO_3 \overset{\uparrow H_2O + CO_2}{}$$

탄산나트륨의 경우는

$$Na_2CO_3 + H_2SO_4 \rightarrow Na_2SO_4 + H_2CO_3 \overset{\uparrow H_2O + CO_2}{}$$

와 같이 말이다.」

「과연…. 그럼 탄산칼슘에 황산을 가했을 때는

$$CaCO_3 + H_2SO_4 \rightarrow CaSO_4 + H_2CO_3 \overset{\uparrow H_2O + CO_2}{}$$

와 같겠네.」

「잠깐만! 대리석 덩어리에 가해 주는 산은 염산이지 황산은 쓰지 않아. 해 보면 알겠지만 황산에서는 CO_2가 발생하지 않아.」

「어째서?」

「그건 말이야, $CaSO_4$(황산칼슘)는 물에 녹지 않는 물질이기 때문에, 반응이 조금 진행돼서 $CaSO_4$가 생기면 대리석의 표면을 둘러싸버리면서 황산과 대리석이 더 이상 접촉하지 못하게 방해를 하기 때문이야. 대리석 표면에 양초를 발라두면 염산을 가해도 CO_2가 발생하지 않는 것과 똑같은 이치인 거야.」

「까다롭게, 무슨 사정이 그리도 여러 가지가 있담.」

「그래서 익숙해져야 한다고 하지 않았니.

자, 알겠니. CO_2와 같이 물에 녹아서 약한 산이 되는 다른 기체의 경우도 반응은 이것과 마찬가지로 생각할 수 있겠지. 이를테면 이산화황(SO_2)도 같은 무리란다.」

「이산화황이라면 황을 바른 성냥을 켰을 때 냄새나는 그 기체지?」

「응, 그래. 물에 녹아서 약한 산이 되는 기체로는 이 밖에도 황화수소(H_2S)가 있지. 이것도 황화○○니 하는 화합물에 강한 산을 가하면 나오는 기체란다.

$$FeS + H_2SO_4 \rightarrow FeSO_4 + H_2S \uparrow$$

처럼 말이다.」

「아, 그건 지난번에 침전이 생기는 반응의 역반응 아니야?

$$CuSO_4 + H_2S \rightarrow CuS \downarrow + H_2SO_4$$

였지?」

「그래, 바로 맞혔어. 일반적으로 M을 금속원소라고 하면

$$MS + H_2SO_4 \rightleftharpoons MSO_4 + H_2S$$

이때, MS가 산에 강하면 ← 방향의 반응이 일어나 MS가 침전하고, 산

에 약하면 → 방향의 반응이 일어나 H_2S가 발생하게 되는 거다.」

「산에 강하다, 약하다는 건 어떻게 알 수 있지?」

「응, 그건 이런 표가 있으니까 필요에 따라 참고하면 돼.」

○ 산성 용액에서도 침전하는 것
    HgS(황화제2수은, 검은색)   PbS(황화납, 검은색)
    CuS(황화제2구리, 검은색)   SnS(황화제1주석, 검은갈색)
    CdS(황화카드뮴, 노란색)

○ 산성 용액에서는 침전하지 않고 중성 또는 알칼리성에서 침전하는 것
    FeS(황화제1철, 검은색)   NiS(황화니켈, 검은색)
    MnS(황화망간, 살색)   ZnS(황화아연, 흰색)

○ 침전하지 않는 것
    K, Na, Ca, Mg의 황화물

「여러 가지 색깔의 침전이 있다지만 검은색이 유난히 많잖아. 어떻게 구별하는 거지?」

「응. 같은 검은색이라고 해도 눈으로 보면 절대 똑같지가 않단다. 어떤 건 푸른색을 띤 검정, 자주색을 띤 검정 등으로 다르지. 그러니까 실제로 침전을 만들어 눈으로 익혀 두면 구별할 수가 있어. 그리고 여기서는 산에 강한 것과 약한 것 둘로 크게 나누었지만 실제로는 산성의 정도에 따라서 침전하는 경계가 뚜렷하거든. 그러니까 산성도와 맞추어 보면 분명히 구별이 된단다. 그래서 분석에 사용할 수 있는 거야.」

「아아, 갈수록 까다로운 걸, 좀 피곤해. 기체가 돼서 여기서 탈출해 버렸으면 좋겠다.」

「조금만 참아. 한 가지만 더 하고 오늘은 끝낼 테니까. 방금 이야기한 건 CO_2건 SO_2건 모두 물에 녹아서 산이 되는 산화물이야. 그런데 물에 녹아서 알칼리로 되는 기체가 딱 한 가지가 있단다. 이걸 공부하고 끝낼게.」

「그런 산화물도 있어?」

「아니, 그건 산화물이 아니야. 암모니아야. 암모니아는 기체인데 물에 녹으면

$$NH_3 + H_2O \rightarrow NH_4OH(\text{수산화암모늄})$$

이 된단다. 그러므로 CO_2나 SO_2의 경우와 마찬가지로 생각해서, 암모니아 화합물에 조금 강한 알칼리를 가하면 암모니아가 발생하는 반응이 일어나.

실험실에서 암모니아를 발생시키는 데는 보통 염화암모늄(NH_4Cl)에 강한 알칼리인 수산화칼슘을 가하고 가열하면 되는데 그때의 반응은 이렇게 되는 거다.

$$2NH_4Cl + Ca(OH)_2 \rightarrow CaCl_2 + \overset{\uparrow}{2NH_3 + 2H_2O}$$ 」

「과연. 그렇지만 수소나 이산화탄소를 발생시킬 때는 가열하지 않아도 됐는데, 이때는 꼭 가열을 해야 돼?」

「그래, 가열했을 때가 빨리 나오지만, 가열하지 않아도 기체가 발생하기는 하거든.」

「농가에서 화학비료로서 황산암모늄, 질산암모늄 등을 흔히 쓰고, 또 흙의 산성을 중화하기 위해 수산화칼슘도 사용하는데, 이 암모늄계통의 비료와 수산화칼슘을 동시에 사용하면 안 된다는 이유는 알겠지?」

「응, 그건 가열하지 않아도 반응해서 암모니아가 도망쳐 버리니까, 비료 성분이 없어지기 때문이지 뭐.」

「그래, 맞았어. 그럼 오늘 저녁 공부는 이걸로 끝내자. 수고했다.」

「아아, 피곤해.」

「뭐야 주객전도 아니야. 하하하.」

「히히히」

5. 계기가 있으면 헤어진다

「저기 말이야, 오빠.」

오빠가 돌아오기를 기다렸다가 나리는 철이의 방으로 들어갔다.

「이봐. 남매 사이라도 방에 들어올 때는 노크를 하라고 한 건 누구니?」

「그래도 문이 닫혀 있지 않았으니까 그랬지. 그보다도 오늘 학교에서 돌아오는 길에 친구 집에 들러 도넛을 만들었단 말이야. 도넛을 만들 때 부풀라고 넣는 가루… 그래, 그거 중조(탄산수소나트륨)지. 그런데 오빠. 그걸 기름으로 튀겼을 때 부풀어 오르는 건 중조와 무엇이 반응해서 무엇이 되는 거야?

지난번에 배운 반응의 유형 중 어느 것에 속하는 거지?」

「허허. 지금까지는 도넛이 어떻게 해서 부풀어 오르는지는 관심도 없이 꾸역꾸역 먹기만 하더니, 어떻게 부풀어 오르는지를 생각하게 된 걸 보면, 나리의 화학 공부도 조금씩 몸에 배어 가는 모양이구나. 그럼 오늘은 그 반응유형물을 공부하기로 할까. 지난번에 공부한 것 중에는 이 반응의 유형은 없었단 말이야.」

「어쩐지, 그래서 아무리 생각해 봐도 알 수가 없었구나.」

「중조는 탄산수소나트륨이었지. 지난번에는 산과 반응해서 이산화탄

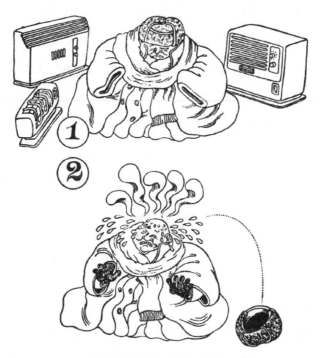

그림 6-4 | 반응의 유형 ④=분해

소 기체를 발생시키는 걸 공부했는데, 오늘은 이산화탄소를 발생시키는 점에서는 마찬가지이지만, 반응하는 상대가 없이 다만 열에 의해서 분해 되는 반응인 거야. 즉

$$2NaHCO_3 \rightarrow Na_2CO_8 + H_2O + CO_2 \uparrow$$

라는 분해지. 탄산수소나트륨은 열에 의해서 분해되기 쉬운, 다소 불안정 한 물질이란다. 특히 물기가 있으면 100℃ 이하에서도 분해되거든. 그렇 기 때문에 도넛을 기름으로 튀기면 충분히 분해되어 CO_2를 내어놓아 빵 을 부풀게 할 수 있는 거야.」

「그랬었군. 그럼 도넛 속에는 탄산나트륨(Na_2CO_3)이 남아 있겠네?」

「그렇지. 그러니까 중조를 너무 많이 넣으면 씁쓸한 맛이 나는 거야.」

「탄산나트륨이라면 빨래소다라고 하는 거 아니야? 그걸 먹는단 말 이야?」

「왜 그러니, 갑자기 도넛 맛이 싹 없어진 얼굴을 하고. 나리가 잘 몰라 서 그렇지 식품 속에는 여러 가지 약품들이 꽤 많이 첨가되고 있단다. 언 젠가 신문에서 본 것이지만 식빵을 만들 때 브롬산칼륨이라는 걸 넣는다 는 거야. 그러면 균일하게 잘 부풀어 오른다는 거지. 이게 발암성이 있는 게 아니냐고 해서 문제가 되고 있다는 기사였어.」

「너무한데, 매일 아침 먹는 토스트 속에 브롬인지 뭔지 하는 화합물이 들어 있다니.」

「하하하, 그건 그렇다 치고. 화학반응의 유형이나 공부할까. 방금 말한 브롬산칼륨($KBrO_3$)의 친척뻘인 염소산칼륨($KClO_3$)이라는 화합물이 있는

데 이건 산소의 제조법에 사용되는 거야. 이것에 촉매로 이산화망간 소량을 섞어서 가열하면 간단하게 분해가 되는 거다.

$$2KClO_3 \rightarrow 2KCl + 3O_2$$

이와 같이 분해되어 산소를 내어놓기 때문에 타기 쉬운 물질, 예를 들면 탄소 가루나 황 등을 섞어서 점화하면 쾅 하고 폭발하는 거야. 그렇기 때문에 $KClO_3$은 멍청히 다른 물질과 섞다가는 큰일 난단다.」

「아, 그래. 언젠가 과격파들이 사용한 폭탄에 관해 신문기사에서 염소 폭탄이란 게 나왔었는데, 그게 바로 이것이었군.」

「그래. 관련 없는 사람들까지 무차별하게 살상하기 위한 목적으로 화학 지식이 쓰인다는 건 정말 유감스러운 일이잖아.

그런데 이와 같이 분해해서 산소를 내는 것으로는 과산화수소가 있어. 이건 발암성이 있다고 해서 문제가 되었었지.」

「과산화수소라면 소독약인 옥시풀의 성분인데.」

「그래 맞아. 그 소독작용도 분해되어 나오는 산소에 의한 거야. 산소를 실험실에서 만드는 데는 과산화수소수에 이산화망간을 촉매로 조금 가해줄 뿐 가열을 하지 않아도 산소가 잘 나온단다. 반응식은

$$2H_2O_2 \rightarrow 2H_2O + O_2$$

이야. 하지만 이 반응 안에서는

$$
\begin{array}{rl}
H_2O_2 \longrightarrow & H_2O + O \\
+\ H_2O_2 \longrightarrow & H_2O + O \\
\hline
2H_2O_2 \longrightarrow & 2H_2O + O_2
\end{array}
$$

라는 두 개의 반응이 연달아 일어나서

$$O + O \rightarrow O_2$$

가 되기 전에, 극히 짧은 시간 동안 O의 상태, 즉 원자상태의 산소가 존재하는 거란다. 그래서 상처를 소독할 때 산소(O_2)를 뿜어 주기보다 살균력이 더 강한 거야. 이 갓 분해된 원자상태의 O는 반응력이 O_2보다 훨씬 강하단다.」

「표백작용도 있는 거지. 과산화수소수로 닦으면 얼굴이 희어진다고들 하던데.」

「얼굴은 모르겠지만 물감을 들인 색깔을 표백하는 작용은 있지. 그리고 보통 우리가 사용하는 건 3% 정도의 묽은 과산화수소지만 수십 %나 되는 진한 건 나무 조각을 그 속에 집어넣기만 해도 탈 정도로 분해되어 산소를 쉽게 방출하는 위험한 물질이야. 이건 또 로켓의 연료로도 사용된단다.

그리고 또 분해해서 원자상태의 산소를 방출하는 것으로는 오존이 있지. 오존은 병에 넣어서 이게 오존입니다 하고, 표본으로는 만들 수 없을 정도로 불안정한 물질로서 금방 분해되어 버리는데 공기 속에서 전기불꽃을 튕기면 만들어지지.

$$3O_2 \rightleftarrows 2O_3$$

만들어지는 족족 곧 분해돼.

$$O_3 \rightarrow O_2 + O$$

이와 같이 원자상태의 산소를 방출하기 때문에 표백에도 이용되는 거다.

그리고 또 한 가지, 높은 온도에서 분해하는 반응으로 실용화되고 있는 반응을 말해 볼까. 중조하고는 달리 훨씬 높은 온도, 즉 900~1000℃나 되는 고온에서 분해하는 거야.

$$CaCO_3 \rightarrow CaO + CO_2$$

즉 석회석으로부터 생석회를 만드는 석회가마 속에서 일어나는 반응이란다. 만들어진 생석회(CaO)에 물을 가하면 소석회($Ca(OH)_2$)가 되는 거지.

$$CaO + H_2O \rightarrow Ca(OH)_2 \lrcorner$$

「왜 산화칼슘을 생석회, 수산화칼슘을 소석회라고 부르는 거야? 외우기 복잡하게.」

「응, 그래. 네 말대로 이와 같은 관용명이라는 건 귀찮은 거야. 아마도 옛날 석회가마에서 일하던 사람들은 화학지식도 없었고, 게다가 화학명으로 부르기도 귀찮고 해서, 가마에서 막 만들어진 걸 생석회, 그것에다 물을 뿌리면 열이 나는데, 그게 물로 불을 끌 때 수증기가 나오는 것과 비슷해서 소석회라고 불렀을 거야. 그게 지금까지 관용명으로 사용되고 있는 거지. 그저 전통문화를 계승한다는 자세로 외워 두려무나.

나리는 생석회를 볼 기회가 별로 없겠지만 소석회는 자주 볼 수 있지. 운동장에 줄을 그을 때 쓰는 흰색가루가 바로 그것이야. 밭의 산성을 중화하는 데도 쓰고, 석회벽에 사용하는 흰가루도 그것이지.

재미있는 건 석회벽을 발라두면 공기 속의 이산화탄소를 흡수해서

$$Ca(OH)_2 + CO_2 \rightarrow CaCO_3 + H_2O$$

와 같은 반응으로 석회석과 같은 성분인 탄산칼슘($CaCO_3$)으로 되돌아간 다는 거야. 그리고 물에 녹지 않게 된단다. 즉 산에서 캐낸 덩어리 석회석 을 판판한 벽으로 만들기 위해 CaO나 $Ca(OH)_2$의 단계를 거쳐서 환원시 킨 것이야.」

「그럼 운동장에 줄을 긋는 것도 물에 녹지 않는 선을 긋기 위해서 소석 회를 쓰는 거야?」

「응, 그런 효과도 있겠지만, 그보다도 제일 값싸게 얻을 수 있는 흰가 루이기 때문에, 줄을 긋는 데 쓰이는 게 아닐까.」

「그랬군. 화학식 같은 건 생각할 필요가 없는 용도네.」

6. 과격한 두 사람도 중화하면 얌전해진다

「그럼, 화학식을 생각할 필요가 있는 용도에 관해서 이야기할까. 밭이 산성이 되면 채소의 생장이 나빠진단다. 특히 시금치 같은 건 산성에 약 하기 때문에, 밭에 재나 소석회를 뿌려서 산성을 중화시켜 주어야만 자라 게 되는 거야.

그런데 이 산성, 알칼리성이라는 건 앞에서도 한 번 말했지.」

「응, 푸른 리트머스 시험지를 붉게 변화하는 것이 산성, 반대로 붉은 리트머스 시험지를 푸르게 변화하는 게 알칼리성이었지.」

「그래, 그리고 둘을 섞어주면 어느 쪽의 성질도 다 없어져 버리는데 이 게 중화라는 거였어.

산성을 나타내는 물질을 산이라고 하고, 산에는 여러 가지 종류가 있단다. 알칼리성을 나타내는 건 알칼리 또는 염기라고도 하는데, 알칼리는 물에 녹지만 염기는 매우 광범해서 물에 녹지 않는 것도 포함되어 있거든. 실험실에 있는 가장 흔한 산은 염산(HCl), 황산(H_2SO_4), 질산(HNO_3)이고, 그 밖에 인산(H_3PO_4), 탄산(H_2CO_3), 아황산(H_2SO_3) 등이 있지.

우리의 일상생활과 밀접한 관계가 있는 산은 유기산이라고 불리는 식물체 내에 있는 산이란다. 제일 잘 알려진 것으로는 식초의 성분인 초산(CH_3COOH), 벌이나 개미의 독침 속에 들어 있는 포름산($HCOOH$), 흔히 개미산이라고 부르는 거야. 사과나 포도의 신맛을 내는 것으로 흔히 주석산이라고 부르는 타르타르산[$C_2H_2(OH)_2(COOH)_2$] 등이 있지.

그런데 산소라는 원소가 있지. 산의 바탕이라는 뜻으로 한문으로는 **酸素(산소)**로 쓰기 때문에, 산소가 신맛을 내는 산성의 책임자일 거라고 생각할 거야. 분명히 앞에서 든 산의 화학식을 보면 염산을 제외하고는 모두 산소를 포함하고 있지. 옛날에 화학이 그다지 발달되지 않았을 때, 비금속의 산화물을 물에 녹이면 산이 되기 때문에, 산소가 산의 책임자라고 생각해서 산소라고 이름이 붙여진 거야. 그러나 그 후 HCl이나 황화수소산(H_2S), 플루오르화수소산(HF)과 같이 산소를 포함하지 않은 산이 있다는 걸 알게 된 거다.

자, 그럼 과연 무엇이 산의 바탕인지, 지금까지 나온 산의 분자식을 훑어보면, 모든 산에 다 들어 있는 원소가 있을 텐데 찾아보렴.」

「아, 알았어. H야.」

「그래, 결국 산소는 산의 바탕이 아니고, 수소가 산의 바탕이었다는 말이다.」

「이상한 이야기네.」

「그렇지만, 한편 수소를 포함하고 있는 화합물이지만 산이 아닌 것도 있지. 물도 그렇고, 암모니아(NH_3)도 그렇지. 또 메탄(CH_4), 알코올(C_2H_5OH) 등도 마찬가지야. 그러니까 수소가 들어 있다는 것만으로는 산이 아니고, 산성을 나타내기 위해서는 무엇인가 다른 조건이 있어야 한단 말이다. 그래서 조사를 해 보았더니 산에 들어 있는 수소는 모두 물에 녹아서 수소이온이 된다는 사실을 알게 된 거다. 즉 산성의 책임자는 H^+였단 말이야. 몇 개의 산의 이온화를 써 보면

$$HCl \rightarrow H^+ + Cl^-$$
$$H_2SO_4 \rightarrow 2H^+ + SO_4^{2-}$$
$$HNO_3 \rightarrow H^+ + NO_3^-$$
$$CH_3COOH \rightarrow H^+ + CH_3COO^-$$

와 같단다.」

「거기에 H보다 이온화경향이 큰 Mg나 Zn을 넣으면 H^+이온의 (+)가 빠져나가서 수소기체가 발생했지.」

「그래, 맞았어. 그럼 이번에는 산성과 반대인 알칼리성의 책임자는 누구인가 알아보자꾸나.

알칼리라고 불리는 화합물은 모두 "수산화○○"이라는 이름이 붙어 있지. 수산화나트륨(NaOH), 수산화칼슘($Ca(OH)_2$), 수산화암모늄(NH_4OH) 등

과 같이 말이야. 그리고 물에 녹으면 모두 수산화이온(OH^-)을 내놓는단다.

$$NaOH \rightarrow Na^+ + OH^-$$

$$Ca(OH)_2 \rightarrow Ca^{2+} + 2OH^-$$

$$NH_4OH \rightarrow NH_4^+ + OH^-$$

와 같이 말이야.」

「그러니까 OH^-가 알칼리의 책임자란 말이군.」

「그래, 맞아. 그러니까 일반식으로 적으면 산은 HA이고 알칼리는 BOH가 되는 거야. 수용액 속에서는

$$HA \rightarrow H^+ + A^-$$

$$BOH \rightarrow B^+ + OH^-$$

여기서 이 두 수용액을 섞어주면, H^+와 OH^-는 쉽게 결합하기 때문에

$$H^+ + OH^- \rightarrow H_2O$$

와 같이 물이 되어 버리는 거란다. 그리고 나머지 수용액 속에는 B^+와 A^-가 남는 거다. 즉 BA의 수용액이 되는 거야. 이 BA로써 나타내는 화합물을 염이라고 부른단다.

대충 이런 거야. 중화라는 건 정리하면

$$산 + 알칼리 \rightarrow 염 + 물$$

$$HA + BOH \rightarrow BA + H_2O$$」

「이상한데, 성질이 과격한 산과 알칼리가 중화하면 가장 얌전한 성질의 물로 된다…. 물이란 건 사실은 두 극단적인 과격한 성질을 몰래 숨겨두고 있는 거라고 볼 수 있네.」

그림 6-5 | 반응의 유형 ⑤=산과 알칼리의 중화

「그리고 그 물은 지구 위에 많이 있지. 생물은 물 없이는 한시라도 살 수 없단 말이다. 물속에서의 화학이 지구 위의 모든 걸 결정하고 있다고 해도 과언이 아니야.」

「그러고 보니 극히 평범한 물인데도 정말 위대하네.」

「그래, 그렇단다. 그리고 지구가 물의 행성이라는 건 우연치고는 너무나도 귀중한 우연이 아닐 수 없단다. 생명이 발생하는 첫째 조건. 적어도 태양계에서는 다른 행성에서는 생각할 수 없는 일이야.」

「우주 속에 생물이 사는 별이 있다면 역시 거기도 물이 많은 별일까?」

「글쎄다. 휘발유의 바다에 뼈대가 규소로 된 생물 따위가 있을지도 모르지. 하지만 우리의 화학지식으로는 역시 물이 많은 별에서 생명이 탄생했다고 생각하는 게 적합하겠지.

그런 상상은 그만하고 화학반응에 관한 이야기로 되돌아가지. 즉 화학반응의 한 유형으로서 이 중화반응이 있다는 것이다. 예컨대

황산 + 수산화암모늄 → 황산암모늄 + 물

$$H_2SO_4 + 2NH_4OH → (NH_4)_2SO_4 + 2H_2O$$

와 같이.」

「그럼, ~산~~라는 화합물은 모두 염인 셈이네.」

「그래. 학교 실험실에 가서 약품장을 살펴보렴. 거기 있는 약품의 대부분은 염이지.」

「하지만 보통 가정에는 별로 없잖아?」

「그래 대부분의 염은 물에 녹으니까 일정한 형태를 유지하거나 오랫동안 자연에 노출되어야 하는 것들은 염을 쓸 수가 없어. 그러니까 일상생활에서는 많이 볼 수가 없는 거란다. 대표적인 것으로는 소금($NaCl$)이 있겠고. 아, 그거. 네 책상 위에 있는 석고상. 그건 황산칼슘($CaSO_4$)으로 물에 녹지 않으니까 그런 상태로 언제까지나 둘 수 있는 거지. 벽의 탄산칼슘($CaCO_3$)도 그렇고. 유리도 규산칼슘 등 몇 가지 규산염의 혼합물이라고 할 수 있지. 잉크 속에는 황산제1철이 조금 들어 있고. 어쨌든 그리 흔하지는 않아.」

「잉크는 썼을 때는 선명한 색깔인데, 한참 있으면 검은색을 띠는 건 왜 그래?」

「응 그건, 잉크 속에는 황산제1철 이외에 탄닌산이라든가 몰식자산(갈산)이라고 부르는 유기산과 염료가 들어 있는 거야. 황산제1철은 옅은 초록색이기에 처음 쓸 때는 주로 염료색 때문에 선명한 거야. 그게 말라서 공기와 닿게 되면 산화되어 탄닌산제2철이나 몰식자산제2철과 같은 물에 녹지 않는 염이 되는 거란다. 제2철염은 진한 갈색이기 때문에 이 색이 염료와 섞여서 검은색을 띠게 되는 거지.」

「그럼 잉크로 쓴 종이 위에서도 화학반응이 일어나고 있단 말이네.」

「그렇지. 산화, 환원이라고 하는 화학반응의 중요한 한 유형이란다. 그럼 어때? 그 반응에 대해서 생각해 볼까.」

7. 내어놓은 쪽은 빼앗겼다, 손에 넣은 쪽은 얻었다고 한다

「나리야, 중학생일 때는 산화, 환원이란 걸 어떻게 배웠니?」

「산소와 화합하는 게 산화, 화합하고 있는 산소를 빼앗긴 게 환원이잖아?」

「그래, 그런 거지. 탄소가 타는 것

$$C + O_2 \rightarrow CO_2$$

마그네슘이 타는 것

$$2Mg + O_2 \rightarrow 2MgO$$

148

이건 모두 산화라는 반응이지. 환원이란 건 산화구리가 구리가 되는 것

$$CuO + H_2 \rightarrow Cu + H_2O$$

철광석(Fe_2O_3)이 코크스(C)와 반응해서 철이 생기는 것

$$2Fe_2O_3 + 3C \rightarrow 4Fe + 3CO_2$$

이것들은 환원반응인 거다.」

「응, 그래.」

「그럼, 하나 물어볼까.

$$CuO + H_2 \rightarrow Cu + H_2O$$

와 같은 반응에서 H_2는 어떻게 된 거니?」

「H_2? 그건 물이 됐지 뭐.」

「물이 됐다는 건?」

「물이 됐다는 건 산소와 화합했다…. 아, 그럼 산화지?」

「그런 것 같구나.」

「그럼, 이 반응은 산화반응이기도 하네.」

「그래, 산화구리에 대해서 볼 때는 환원되어 구리가 된 거지. 그러나 수소에 대해서 볼 때는 산화되어 물이 된 거야. 다시 말해서 한쪽이 다른 쪽을 산화(또는 환원)하면, 그건 상대에 의해서 환원(또는 산화)되는 셈이야. 그러니까 산화와 환원은 동시에 일어난단 말이다.

$$2Fe_2O_3 + 3C \rightarrow 4Fe + 3CO_2$$

에서도

$$Fe_2O_3 \rightarrow Fe은 \ 환원반응$$

$$C \to CO_2는 \ 산화반응$$

인 셈이지.」

「어? 어? 그럼

$$C + O_2 \to CO_2$$

는 어떻게 되는 거야? 이건 산화반응 밖에 일어나지 않잖아?」

「그런데 $O_2 \to CO_2$ 부분은 산소가 환원이 되었다고 말할 수 있지. 산화된 게 있으면 반드시 환원된 것도 있어야 하니까.」

「이상한데, 오빠. 속이고 있는 거 아니야?」

「속이다니. 산화, 환원은 점점 넓은 의미를 갖게 돼.

$$H_2 + Cl_2 \to 2HCl$$

과 같이 산소가 전혀 없는 반응이라도 산화-환원반응이라고 말한단다.

$$H_2 \to 2HCl는 \ 산화$$

$$Cl_2 \to 2HCl는 \ 환원$$

처럼 말이야.」

「어째서 그렇게 말할 수 있는 거야?」

「응, H_2에서는 2개의 H원자가 공유결합을 하고 있지 않니? 그런데 생성된 HCl은 물에 녹으면 H^+와 Cl^-가 되는 것으로도 알 수 있듯이, H는 Cl한테 전자를 건네주고 H^+로, 또 Cl은 전자를 얻어서 Cl^-이 된 거야. 즉

전자를 잃은 반응이 산화

전자를 얻은 반응이 환원

이라는 거다.

C+O$_2$→CO$_2$의 경우도, 전자가 탄소로부터 산소로 옮겨가고 있어. 탄소는 전자를 잃게 되니까 산화되었다고 하고, 산소는 전자를 얻게 되니까 환원되었다고 하는 거야.」

「응…, 참 어려운데. 이봐, 탄소의 바깥껍질에는 4개의 전자가 있고 산소의 바깥껍질에는 6개의 전자가 있었지(그림 3-2). 그래서 탄소는 두 산소에 전자를 각각 2개씩 건네주고 안정된 상태를 취하고, 반대로 각 산소는 바깥껍질에 8개의 전자가 들어가서 꽉 차면서 CO$_2$가 된 거 아니야? 번번이 이런 식으로 생각해야 해?」

「아니야, 편리한 방법이 있지. 너희들이 배우는 화합물은 화학식을 알고 있는 게 대부분이니까. 화학식을 보면 산화인지 환원인지를 알 수 있

그림 6-6 | 반응의 유형 ⑥=산화환원

는 방법이 있단다.

「그럼 묻겠는데 물은 H_2O라고 쓰는데, 어째서 OH_2라고는 쓰지 않는 거지?」

「음…. 그건 늘 그렇게 쓰게 되어 있는 거 아니야?」

「그래, 관습적으로 쓰는 것, 즉 관용임에는 틀림없으나 의미가 있단다. 즉 먼저 쓰는 쪽이 양성원소, 다시 말해서 전자를 잃고 (+)가 되기 쉬운 원소를 쓰게 되어 있는 거란다. 다만 유기화합물은 탄소를 중심으로 한 화합물이기 때문에 CH_4(메탄)나 C_3H_8(프로판)과 같이 C부터 쓰는 거다. 우선 화학에서 먼저 배우는 무기화합물에서는 앞에다 쓰는 것이 보다 (+)로 되기 쉬운 원소라고 생각하면 되는 거야.」

「그러고 보니 금속원소가 언제나 먼저 나오더군. 읽을 때는 뒤에서부터 읽는데….」

「우리나라 식으로 읽을 때는 그렇지만, 영어로는 앞에서부터 읽는단다. CO_2는 우리나라 말로는 이산화탄소로 뒤에서부터 읽지만, 영어로는 Carbon dioxide라고 앞에서부터 읽는단다. 그건 그렇고, 이렇게 생각하면 돼. 즉 앞에 있는 원자의 원자가를 (+)의 **산화수**, 뒤에 있는 원자의 원자가를 (-)의 산화수라고 말이야. 그리고 화합물 중에서는 (+)의 산화수와 (-)의 산화수가 같아서 전체로는 0이 되어 있단다. 반응이 일어나서 한 원소에 대하여

　　　산화수가 증가하는 반응을 산화

　　　산화수가 감소하는 반응을 환원

이라고 하는 거다.」

「그럼, 앞도 뒤도 없는 H_2의 경우는 어떻게 되는 거야?」

「응, 단체의 산화수는 0으로 한단다. 자, 그렇게 해서 생각해 보자.

$$C + O_2 \rightarrow CO_2$$

의 반응에서 산화수를 위에다 쓸 것 같으면

$$\overset{0}{C} + \overset{0}{O_2} \longrightarrow \overset{+4}{C}\overset{-2}{O_2}$$

C가 CO_2가 되면

$$0 \rightarrow +4$$

로 산화수가 증가했지. 그러니까 이건 산화야.

O_2를 보면

$$0 \rightarrow \overset{-2}{_{-2}}$$

로 감소했으니까 환원이 되는 거야.」

「응, 그런 거군.」

「익숙해지면 알게 되지.

$$CuO + H_2 \rightarrow Cu + H_2O$$

에 대해 생각해 보렴.」

「그렇지,

$$\overset{+2 -2}{CuO} + \overset{0}{H_2} \longrightarrow \overset{0}{Cu} + \overset{+1 -2}{H_2O}$$

가 되니까

Cu는 +2→0 감소했으니까 환원

H는 0 ⟶ $^{+1}_{-1}$ 증가했으니까 산화

아, O는 -2→-2니까 변화하지 않는구나.」

「잘했다, 잘했어. 그렇게 해서 판단하면 산화, 환원을 알겠지.」

「조금만 더 연습해 봐. H_2와 Cl_2에서 $2HCl$이 생성되는 반응을 생각해 볼게.

$$\overset{0}{H_2} + \overset{0}{Cl_2} \longrightarrow 2\overset{+1}{H}\overset{-1}{Cl}$$

H는 0 → +1이니까 산화

Cl은 0 → -1이니까 환원이지.」

「됐어, 됐어.」

「하나만 더해 볼게. 철의 제조법인

$$\overset{\overset{-2}{+3-2}}{\underset{}{2Fe_2O_3}} + \overset{0}{3C} \longrightarrow \overset{0}{4Fe} + \overset{+4\overset{-2}{-\frac{2}{2}}}{3CO_2}$$

철은 +3 → 0에서 환원

탄소는 0 → +4 에서 산화지.」

「그래, 그렇지만 한 반응 속에서는 산화수의 증·감은 같아야 하니까

철은 2×(+3+3)=+12→0

탄소는 0→4×(-3)=-12

가 되는 거지.」

「응, 그렇구나.」

「아무튼, 이런 식으로 산화수라는 걸 쓰면 산화와 환원을 판단하기 쉽다고 할 수 있겠지.」

「그렇기는 하지만 산화·환원이 그렇게도 중요한 화학반응이야?」

「하하하, 중요하지 않으면 몰라도 되겠지 하는 표정이군. 그럼 이런 반응을 한번 생각해 볼까.

$$Zn + H_2SO_4 \rightarrow ZnSO_4 + H_2$$

여기서 산화된 건 어느 것이지?」

「음…, Zn에 대해서 보면 0→+2가 되고, H_2에 대해서는 +2→0이니까 아연이 산화되고, 수소는 환원되었다는 걸까?」

「그래, 그렇지.」

「어? 뭐? 그렇다면 앞에서 나온 금속과 산의 반응도 산화·환원반응이라는 거야?」

「그렇지.」

「그렇다면, '칼슘이라도 알아야 철, 니켈, 주석도 납득하고 수은 백금까지도'라는 이온화경향서열이라는 건, 산화의 세기 서열이라는 거야?」

「그래그래. 좋은 점에 착안했구나. 바로 그렇단다. 화학반응이란 원자가전자, 즉 원자의 제일 바깥껍질의 전자를 주고받고 하는 거다. 공유에 의해서 일어나는 것이었지. 그리고 전자를 주고받는 게 산화, 환원이라고 하면, 화학반응을 생각하는 데 있어서는 산화환원을 빼고는 생각할 수 없다고 말할 수 있겠지.」

「음…, 한 방 먹었는데. 하지만 그렇게 되면 제각기 따로따로 흩어져 보이는 화학반응도, 그 밑바탕에는 커다란 유대가 있는 거라고 볼 수 있겠네. 아직은 잘 모르겠지만 어쩐지 화학 전체가 잡힐 듯한 기분이야.」

「거참 반가운 일이구나. 다시 말해서 하나하나의 화학반응을 무턱대고 외우려고 하면 싫어지지만, 원자의 집합과 분산이 어떻게 해서 일어나는가 하는 견지에서 생각하면, 외우지 않더라도 화학 전체를 이해하게 되는 거란다. 그러면 되는 거야. 개개의 반응은 그때마다 책을 보면 되는 거니까.」

「아아, 시험만 없다면 화학도 재미있을 것 같은데.」

「시험이 있기 때문에 외울 기회도 있다고 생각하렴.

그건 그렇고, 오늘은 많은 화학반응을 유형으로 나누어서 그 바닥의 흐름을 보았다고 할 수 있겠지.

자, 그럼 다음에는 양적으로 화학을 생각해 보기로 하자.」

「응, 그래. 이젠 즐겁기도 하고, 겁도 나고 그래. 오빠 고마워. 수고했어요.」

VII. 화학의 힘든 곳 "몰 고개"

1. 인구가 늘어서 지구와 같은 무게가 되는 날?!

「의학의 힘이란 과연 대단한 거군. 천연두가 이 지구상에서 완전히 없어졌다는 거야.」

저녁 식사 후 신문을 보고 계시던 아버지께서 말씀하셨다.

「이젠, 종두를 맞지 않아도 되겠군요. 너희들은 좋은 때에 태어났구나. 우리가 어렸을 땐, 의사 선생님이 세모꼴을 한 뾰쪽한 메스로 팔뚝에 ×자를 그어서 종두를 놓는 게 그렇게도 겁이 났단다. 엄마는 지독하게 곪아서 붕대가 살갗에 붙어서 뜯어지지 않았어. 그래서 할머니가 마마님, 마마님 제발… 하면서 살짝 풀어주신 걸 기억하고 있단다.」

어머니께서는 지금도 그 자국이 있다고 하시면서 오른손으로 왼쪽 팔뚝을 누르시면서 말씀하셨다.

「온갖 병이 없어지면 모두 장수할 테니까 좋겠다.」

나리가 이렇게 말하자, 초등학생인 동생, 용이가 말했다.

「하지만 누나. 오늘 선생님께서 사람의 수명이 길어진 건 좋으나, 인구가 자꾸 늘어서 지금과 같은 비율로 늘어난다면, 지구 위는 사람으로 가득 찰 거라고 말씀하셨어. 어쩌면 2000년쯤에는 사람의 무게가 지구 무게 만큼이나 될 거라는 계산이 나온데.」

「사람 무게가 지구 무게 만큼이나 된다는 건 실감이 안 되지만, 사람의 수가 늘어난 건 알 수 있단다. 엄마가 이 집으로 시집왔을 때만 해도, 이 근처는 모두 논밭이었단다. 엄마는 이런 변두리로 왔다고 후회까지 했으니까. 근데 지금은 어떠니? 논밭은 없어지고 집만 들어섰잖니. 불과 20년 만의 일이야. 용이가 할아버지가 될 때쯤이면 이 근처에는 집이 들어설 땅도 없을 거야.」

「하지만 용아, 사람의 무게가 지구 무게와 같아지는 일은 절대로 없어.」

그림 7-1 | 인구가 증가하면 지구의 무게도 무거워질까?

철이가 말했다.

「어머, 어떻게 그런 말을 할 수 있어? 2000년이 될지, 언제가 될지는 몰라도, 언젠가는 지구 표면이 사람 천지가 될 가능성은 있잖아.」

나리가 반론을 제기했다. 철이는 히죽히죽 웃으면서 말했다.

「너희들 말대로 지구상에 인간이 늘어나서 그 무게가 지구의 무게와 같아졌다고 하자. 그럼 그때 지구의 무게가 지금의 2배가 될 거라고 생각하니?」

「뭐라고? 글쎄, 2배까지는 안 될지도 모르지만, 그러나 상당히 무거워지는 건 틀림없지. 안 그래? 누나.」

용이가 말했다.

「하하하, 그럼 지구의 자전이 늦어지고, 공전속도도 변해서 하루나 일년의 길이가 달라지는 걸까? 아니면 달을 잡아당기는 인력이 커져서, 달이 태평양 속으로 풍덩 빠져 버리는 걸까, 하하하.」

「아니, 지구가 무거워지면 그런 것까지 변해?」

「그럼, 인력은 무게에 비례하니까.」

「얘, 정말로 인구가 늘어나면 지구가 무거워지는 거니?」

「아하하, 염려 마세요, 어머니. 사람이 아무리 늘어난들 지구의 무게와는 관계가 없으니까요.」

「하지만 형, 그건 이상하잖아. 50kg의 인간이 100명이 늘어나면 5톤 정도 무거워질 것 아냐?」

용이가 입을 삐쭉거렸다.

「나리도 그렇게 생각하니? 그야 다른 별에서 온 인간으로 지구의 인구가 늘어난다면, 100사람이 늘면 지구가 5톤 정도 무거워지겠지. 그러나 지금은 지구 위에서 아이들이 많이 태어나서 인구가 증가하는 걸 말하고 있는 거잖아. 그러면 지구 위에 있는 걸 먹고서 늘어난 게 아니야?」

「아, 그래.」

하고 나리는 이해를 했다. 그러나 용이는

「왜 그래?」

하며 고개를 갸우뚱거린다.

「용이야, 너 저녁밥을 세 공기나 먹었지. 한 공기의 무게를 200g이라고 하면 600g의 체중이 늘었겠지?」

「응, 그런가? 하지만 체중이 자꾸 늘 것 같은데도, 지난달보다 0.5kg밖에는 늘지 않았는걸.」

「그럼 600g의 무게는 어디로 간 거야? 넌 아직 식사 후 화장실도 안 갔잖아.」

「씹어서 배 속에서 소화되면… 줄어드는 게 아닐까?」

용이는 자신이 없는 듯 대답한다.

「그럼, 내일 저녁에는 식사 전에 체중을 재고, 식사 후에 또 재 봐. 알 수 있을 테니까.

말하자면, 지구 위의 인구가 늘어난다는 건 그만큼 지구 위에 있는 걸 인간이 먹어서, 인간의 몸으로 변화했을 뿐인 거야. 그러므로 지구 전체의 무게에는 변화가 없는 거란다.」

「아, 그렇구나. 그럼 만일 지구와 같은 무게의 인간이 늘었다고 하면 그때는 지구 전체를 먹어치워 버린 게 되겠네.」

나리는 분명히 이해가 됐다.

「그렇지. 사람의 몸은 태반이 물이잖아. 그러니까 아무리 인간이 늘었다고 해도 대충 지구 위의 물의 무게가 한도인 거야. 지구 위에는 물 이외에도 지각을 이루고 있는 암석들이 많이 있단다. 그러니까 지구 위에 지구와 같은 무게의 인간이 존재한다는 건 절대로 있을 수 없는 거란다.」

「그렇게 되기 전에 굶어 죽든가, 전쟁으로 서로 죽이든지 또는 이성적으로 인구의 증가를 조절하든지, 아무튼 인간이 서로 지혜를 겨루게 되겠지.」

아버지께서 신문을 밀어놓으시고 말씀하셨다.

「그래도 어쩐지 이상한데, 정말로 600g의 밥을 먹으면 체중이 600g 이 늘어나는 걸까?」

용이는 아직도 납득이 안 되는 모양이다.

2. 1다스는 12개, 1몰은 6×10^{23}개

「나리야, 화학변화가 일어나도 물질 전체의 질량에는 변화가 없다는 게 무슨 법칙인지 알고 있니?」

「응, 그게 질량보존의 법칙이라는 거지.」

「왜 그런지 설명할 수 있겠니.」

「화학변화라는 건 원자의 결합방법이 변화하는 것이지, 원자의 총수에는 변화가 없는 것이니까 원자의 질량의 합은 변하지 않는 거겠지.」

「그래, 용아 알겠니? 밥도 원자라는 작은 알갱이들이 모여서 이루어졌다는 건 알고 있겠지. 밥의 주성분은 녹말인데, 그 속에서는 탄소원자 6개와 수소원자 10개와 산소원자 5개의 비율로 결합되어 있는 거란다. 그게 소화되어 포도당이 되면, 물이 첨가되어 탄소원자 6개에 대해 수소원자 12개, 산소원자 6개가 결합하게 된단다. 이런 식으로 결합하는 방법이 바뀌기 때문에 보기에는 물질들이 서로 바뀌지만, 원자 그 자체는 늘지도 줄지도 않는 거다. 어때 알 수 있겠니?」

「응. 그럼 원자의 무게는 도대체 몇 g이나 되는 거야?」

「원자 1개의 질량은 아주 가볍단다. 어쨌든 한 컵의 물속에는 물분자가 1억의 1억 배의 또 1억 배나 들어 있단다. 물분자라는 건 수소원자 2개와 산소원자 1개로써 이루어진 거야.」

「그런 작은 분자나 원자의 질량을 어떻게 측정하는 거지?」

나리가 물었다. 그러자 용이가 시원스레 말했다.

「그까짓 것 문제없잖아. 한 컵의 물의 무게를 달아서, 그걸 1억의 1억 배의 또 1억 배로 나누면 되잖아.」

「용이, 똑똑한데.」

나리가 추켜 올렸다.

「그래 용아, 그럼 그 계산을 해 보렴. 한 컵의 물의 무게는 180g이니까.」

철이가 싱글싱글 웃으면서 말했다.

「응, 좋아.」

용이는 종이와 연필을 갖고 왔다. 그러나 한참 동안 계산을 하더니 비명을 질렀다.

「난 이렇게 0이 많은 계산은 해 본 적이 없단 말이야. 0.000…… 이렇게 0이 많이 붙는 건 이젠 생략해도 되지 뭐. 그러니까 무게는 0과 같지 뭐.」

「하하하, 무게가 0과 같은 물분자라도, 한 컵 가득 채우면 180g이 되는걸. 분자나 원자는 그토록 작은 거란다.

그러니까 화학자들은, 하나하나의 분자나 원자의 질량을 생각하지 않고 어떤 수를 뭉뚱그려서 그 질량을 사용하고 있는 거란다.

어떤 수를 뭉뚱그려서 따로 단위로서 다루는 일은 일상생활에도 있지 않니. 예를 들면 다스(dozen) 같은 것. 연필 1다스는 12자루, 지우개 1다스는 12개라듯이 12개를 뭉뚱그려서 다루는 거다. 12다스를 1그로스(gross)라고 하는 한 단계 위인 단위도 있단다.

배추나 무는 100개를 1접이라고 하지. 즉 접을 새로운 단위로서 다루고 있는 거야.

화학에서도 분자나 원자를 다루는 데 있어 다스나 접과 같이 몰(mol)이라는 단위를 사용한단다. 다만 몰은 1다스가 12개, 1접이 100개와 같은 적은 수가 아니야. 여하튼 무게가 0과 같다고 용이가 말한 정도로 이 작은 알갱이들의 집합이니까 말이다.

놀라지 마.

$$1 \text{ 몰} = 6 \times 10^{23} \text{ 개}$$
$$= \underbrace{600000000000000000000000}_{23\,\text{개}} \text{ 개}$$

인 거다.

물 1몰이라고 하면 물분자가 6×10^{23}개, 수소 1몰이라고 하면 수소분자가 6×10^{23}개를 말하는 거다.」

「와! 도대체 그런 수를 어떻게 정한 거지?」

「응, 그 경위를 지금부터 말할게. 이 몰을 확실히 이해하지 못하면 화학을 이해할 수 없게 돼.」

「아이고, 내 머리가 몰 때문에 뒤죽박죽이 되겠네.」

「하하하, 그럼 모르지 않게 몰을 똑똑히 가르쳐 줄까.」

눈을 깜박이고 있는 용이를 두고 철이와 나리는 공부 방으로 건너갔다.

3. 원자량이란, 원자의 무게가 아니다

「1다스가 12개라는 건 언제 어떻게 정해졌는지 유감스럽게도 나는 몰라. 아마도 12진법과 관계가 있겠지.

그런데 1몰=6×10^{23}개라고 하는 건 어떻게 해서 정해졌는가 하면, 10진법이라든가 12진법에서의 계산 방법과는 관계없이 만들어진 수란다. 그 경위를 대충 이야기할게.

우선 다음과 같은 실험 이야기부터 생각해 보기로 하자. 학교에서라면 실제로 실험을 해가면서 말하겠지만 여기서는 실험을 했다고 치고 생각해 보기로 하는 거다.

어떤 빈 도가니의 무게를 10g이라고 하자. 거기에 마그네슘가루 한 스

푼을 넣고 무게를 달았더니 11g이었다. 마그네슘은 몇 g을 넣은 게 되지?」

「시시한 질문이네. 11g-10g=1g이지 뭐.」

「맞았어. 그럼 도가니의 뚜껑을 덮고 삼바리 위에 올려놓고, 밑에서 조용히 가열하는 거다. 한참 있으면 마그네슘이 타지. 완전 연소가 됐을 때 도가니를 식혀서 무게를 단다. 그랬더니 11.66g였다고 해. 자,

$$11.66g - 11g = 0.66g$$

이건 무엇의 무게이겠니?」

「음… 마그네슘이 타서 산화마그네슘이 된 거지. 그러니까 그건 산소의 무게가 되겠지.」

「그래, 맞았어. 마그네슘 1g과 결합한 산소의 무게란다. 마그네슘과 산소는 1:0.66이라는 질량비로 결합했다는 거지. 이 비는 마그네슘을 2g으로 해서 실험을 해도, 또 한국에서 하든 미국에서 하든 같아지는 거다. 이와 같이 화합물을 구성하는 성분의 질량비는 일정한 거다.」

「응, 알아. **일정성분비의 법칙**이잖아」

「그래, 맞아. 그럼 1g의 마그네슘가루 속에 마그네슘원자가 몇 개 있었는지는 모르지만, 거기 있던 모든 마그네슘원자가 산소와 결합한 거야. 만일 마그네슘원자와 산소원자가 1:1로 결합했다면

마그네슘원자의 질량 : 산소원자의 질량

= 1 : 0.66 = 12.1 : 8

이 되겠지.」

「응, 그렇겠지.」

「여기서 앞의 원자구조의 모형도(그림 3-2)를 볼까. 마그네슘은 원자가 전자가 2개이므로 원자가는 (+)2, 산소는 원자가전자가 6개니까 6-8=-2로 원자가는 (-)2, 따라서 마그네슘원자는 Mg=O와 같이 산소원자와 1:1로 결합한다고 할 수 있지. 이 실험에서 구한 마그네슘원자와 산소원자의 질량비는 맞다고 할 수 있겠지.」

「응, 그래.」

「그래서 말이다. 다음에는 이런 실험을 했다고 생각해 보는 거다(그림 7-2).

이 그림과 같이 작은 도자기로 만든 용기에 산화구리 가루 8.0g을 넣고 석영유리관 속에 넣는다. 그리고 관의 앞, 뒤를 그림과 같은 장치에 연결하는 거다. 준비가 다 됐으면 이 그림의 왼쪽으로부터 진한 황산 속을 통과시켜서 건조시킨 수소를 넣어 보내는 거야. 관을 통과한 수소는 미리 질량을 달아 둔 염화칼슘입자를 채운 U자관을 통해서 밖으로 빠지게 한다.

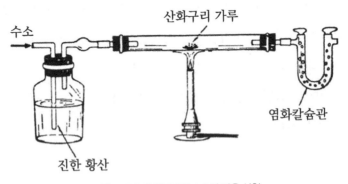

그림 7-2 | 산화구리와 수소의 반응 실험

자, 이렇게 한 다음 유리관 밑에서 버너로 가열해 주는 거다. 그러면 산화구리와 수소가 반응해서 물이 생성돼.

산화구리 + 수소 → 구리 + 물

이 물은 U자관 속에 들어있는 염화칼슘에 흡수되니까 실험이 끝난 후, U자관의 질량의 증가를 달면 실험에서 생성된 물의 질량을 알 수 있는 거야. 그리고 도자기 용기 속에 든 물질의 질량의 감소로부터 반응한 산소의 무게도 알 수 있게 된단다.

자, 이런 결과가 얻어졌다고 하자.

산화구리의 질량 ························ 8g

남은 구리가루의 질량 ··············· 6.4g

(-) ___

수소와 반응한 산소 ··················· 1.6g

U자관의 질량 증가

(생성된 물의 질량) ····················· 1.8g

물이 된 수소의 질량은

1.8g - 1.6g = 0.2g

이 된다.

이 실험 결과로부터 이 반응에 관계된 원소의 무게의 비율은

구리 : 산소 : 수소 = 6.4 : 1.6 : 0.2

= 32 : 8 : 1

이 될 거다.」

「응, 그렇게 되겠지.」

「그러면 앞의 실험결과에서 얻은

마그네슘 : 산소 = 1 : 0.66 = 12.1 : 8

과 합쳐서 생각하면, 4원소의 반응하는 비율은

구리 : 산소 : 마그네슘 : 수소

= 32 : 8 : 12.1 : 1

로 될 거다.」

「응.」

「이렇게 해서 구한 수소의 질량 1과 직접, 간접으로 반응하는 다른 원소의 양을 당량이라고 한단다. 아야기가 좀 빗나가지만, 나는 밥을 세 공기, 나리는 두 공기를 막으니까 나와 나리의 당량은 3:2가 되는 거지. 그러나 디저트의 과자를 먹을 때는 평등한 거야. 즉 1:1인 거지. 이건 불합리하잖아. 과자도 이제부턴 3:2로 하자.」

「아, 오빠도 약았어. 이럴 때 그런 얘기를 꺼내다니. 하지만 일리가 있어. 난 요즘 체중이 느는 것 같으니까, 좋아. 이제부터 조금 나누어 줄게.」

「응, 고맙다. 미천은 뽑았는데…. 자, 그럼 본론으로 돌아가서, 원소의 당량이란 나와 나리 사이의 과자처럼 상의해서 바꿀 수 있는 게 아니야. 언제나 일정한 거야. 그렇지 않으면 일정성분비의 법칙은 성립되지 않으니까 말이다.」

「후후, 알았어. 당량이라….」

「그런데 말이다. 앞의 실험 이야기에서와 같이 산소의 당량은 8이었지. 만일 수소원자와 산소원자가 1개:1개의 비율로 결합한다면, 수소원자와 산소원자의 질량비도 1:8로 돼. 그러나 물은 H_2O였지. 즉 수소원자 2개와 산소원자 1개가 결합되어 있으므로 수소원자와 산소원자의 질량비는 1:16이 되겠지」

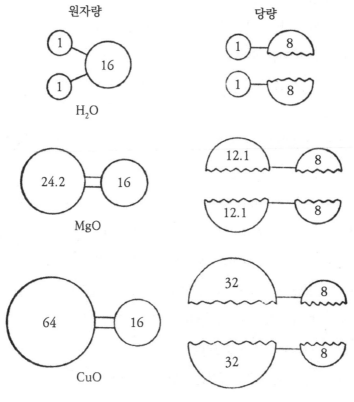

그림 7-3 | 원자량=당량×원자가

「잠깐, 아 그래. 수소원자 1개와 산소원자 반 개의 질량비가 1:8이란 말이니까.」

「그래. 결국, 당량×원자가가 원자의 질량비가 되는 거란다. 이 원자의 비의 질량을 원자량이라고 하는 거다.」

「그럼

　　원자량=당량×원자가」

「그래. 앞의 실험결과에서 각 원소에 대해서 볼 것 같으면

　　구리 : 산소 : 마그네슘 : 수소 = 64 : 16 : 24.2 : 1

이게 원자량이란 말이야.」

「원자량이란 그럼 원자의 질량과는 관계가 있지만 질량 그 자체는 아닌 셈이네」

「그래, 상대적인 질량이지. 그 비교의 기준으로 여기서는 수소원자를 1로 생각했는데, 정확하게 조사한 결과 현재는 탄소원자를 기준으로 해서 탄소원자를 12로 했을 때의 다른 원자와 비교한 상대적 질량을 그 원소의 원자량으로 하고 있단다. 이게 원자량표로서 책에 나와 있는 거다. 그러나 나리가 화학을 공부할 때 사용하는 원자량은 어느 쪽을 기준으로 해도 거의 같단다. 수소의 원자량이 1이 되느냐 1.00797이 되느냐의 차이가 있을 뿐이니까 계산의 연습에는 1이라고 해도 되는 거야. 그럼 연습용 원자량표를 적어 볼까.」(그림 7-4).

「그래, 될 수 있는 대로 계산은 간단한 게 좋아.」

원소명		원자량	원소명		원자량
수소	H	1	칼륨	K	39
탄소	C	12	칼슘	Ca	40
질소	N	14	철	Fe	56
산소	O	16	구리	Cu	64
플루오르	F	19	은	Ag	108
나트륨	Na	23	요오드	I	127
마그네슘	Mg	24	바륨	Ba	137
알루미늄	Al	27	수은	Hg	201
황	S	32	납	Pb	207
염소	Cl	36	우라늄	U	238

그림 7-4 | 계산 연습용 원자량표

「자, 원자량이 정해지면 그것과 같은 생각으로 분자량을 생각할 수 있겠지. 즉 수소분자는 H_2니까 분자량은 2가 될 테지.」

「응, 2원자니까.」

「물의 분자량은 H_2O니까

$$2 \times 1 + 16 = 18$$

이 될 거다.」

「합하면 되겠네.」

「그래, 이산화탄소의 분자량을 계산해 보렴.」

「이산화탄소는 CO_2니까, 원자량은

C=12, O=16이므로

$$12 + 2 \times 16 = 44$$

겠지.」

「그럼 연습 삼아 황산(H_2SO_4)과 탄산수소칼슘[$Ca(HCO_3)_2$]과 명반 [$KAl(SO_4)_2 \cdot 12H_2O$]의 분자량을 구해 보렴.」

나리는 다음과 같이 계산했다.

1.황산의 분자량

$$2H \cdots\cdots\cdots\cdots\cdots 2$$
$$S \cdots\cdots\cdots\cdots\cdots 32$$
$$+4O \cdots\cdots\cdots\cdots\cdots 4 \times 16 = 64$$
$$\overline{\hspace{6cm}}$$
$$H_2SO_4 \cdots\cdots\cdots\cdots\cdots 98$$

2. 탄산수소칼슘의 분자량

$$Ca \cdots\cdots\cdots\cdots\cdots 40$$
$$2H \cdots\cdots\cdots\cdots\cdots 2$$
$$2C \cdots\cdots\cdots\cdots\cdots 24$$
$$+6O \cdots\cdots\cdots\cdots\cdots 6 \times 16 = 96$$
$$\overline{\hspace{6cm}}$$
$$Ca(HCO_3)_2 \cdots\cdots\cdots\cdots\cdots 162$$

3.명반의 분자량

$$K \cdots\cdots\cdots\cdots\cdots 39$$
$$Al \cdots\cdots\cdots\cdots\cdots 27$$

$$2S \cdots\cdots\cdots\cdots\cdots 2 \times 32 = 64$$

$$8O \cdots\cdots\cdots\cdots\cdots 8 \times 16 = 128$$

$$+12 \times H_2O \cdots\cdots\cdots\cdots 12 \times 18 = 216$$

$$KAl(SO_4)_2 \cdot 12H_2O \cdots\cdots\cdots 474$$

「잘했어. 여러 가지 방법이 있지만, 요컨대 포함되어 있는 원자 모두에 대해서 원자량을 산출해서 그걸 합산하면 되는 거란다.」

4. 드디어 "몰" 고개로

「그럼 됐지. 이렇게 해서 선출한 원자량이나 분자량은 단위가 없는 수이기 때문에, 실제의 실험이나 공장에서 질량을 측정하는 일과는 결부되질 않아. 그래서 실용적인 질량단위인 g이라든가 kg과 결부시키는 방법을 생각해야 돼.

이건 잘 들어야 해. 놓치지 않게.

〈표 7-5〉를 보면서 듣도록 해. 지금 수소원자, 수소분자, 물분자, 이산화탄소분자 등 네 종류의 알갱이를 대표로 들어보는 거다. 원자량과 분자량은 각각 1, 2, 18, 44였지. 이건 1개의 원자 또는 분자의 질량비야. 10개의 질량비도 이것과 마찬가지이지만, 지금은 설명상 10×1, 10×2, 10×18, 10×44와 같이 생각해 보자. 마찬가지로 100개

	수소원자	수소분자	물분자	이산화탄소분자
화학식	H	H2	H2O	CO2
원자량·분자량 (1개의 질량비)	1	2	18	44
10개의 질량비	10×1	10×2	10×18	10×44
100개의 질량비	100×1	100×2	100×18	100×44
N개의 질량비	N×1	.N×2	N×18	N×44
6×1023개의 질량 (1몰)	1g	2g	18g	44g

그림 7-5 | 분자(또는 원자) 1개당 질량과 몰과의 관계

의 질량비는

$$100 \times 1, \ 100 \times 2, \ 100 \times 18, \ 100 \times 44$$

가 되겠지.

이것들을 일반식으로 해서 N개의 원자, 분자의 비를 내면

$$N \times 1, \ N \times 2, \ N \times 18, \ N \times 44$$

가 될 거다. 자, 이 N의 수가 자꾸 커져서 마침내 $N \times 1 = 1g$, $N \times 2 = 2g$, $N \times 18 = 18g$, $N \times 44 = 44g$에 달하게 되는 때가 올거야.」

「응.」

「그때의 N을 조사해 보면 6×10^{23}개라는 거야.」

「어떻게 세는 거야?」

「응, 그 방법은 지금은 덮어두기로 하자. 혼란스럽지 않게 말이야. 어

떤 경위로 1다스가 12개로 정해졌는지는 모르는 채로 1다스는 12개라고 사용하고 있듯이, 1몰은 6×10^{23}개로서 사용하기로 하는 거다.

같은 1다스라도 연필과 볼펜의 질량이 다르듯이 1몰의 무게도 물에서는 18g, 수소에서는 2g으로 다른 거야.」

「왜 수소는 1g이 아니지?」

「보통 수소는 분자상태의 수소가 집합한 거잖아. 그러니까 6×10^{23}개의 분자의 질량이니까 2g인 거다. 만일 원자상태의 수소를 생각할 필요가 있을 때는 1g을 생각하는 거야. 이 분자상태일 때와 원자상태일 때를 구별하기 위해서, 분자상태일 때의 1몰을 **1그램분자**, 원자상태일 때의 1몰을 **1그램원자**라고 나눠서 부르기도 한단다.」

「뭔가 헷갈릴 것 같아.」

「알겠니. 바꿔 말하면 원자량, 분자량에 g을 붙인 양이 그 물질의 1몰인 거야. 그리고 그만큼의 물질 속에는 원자나 분자가 6×10^{23}개 들어 있단다.

$$1몰 = (원자량 또는 분자량)g = 6 \times 10^{23}개의 질량$$

$$원자 또는 분자 1개의 질량 = \frac{1몰}{6 \times 10^{23}}$$

의 관계를 갖게 되는 거지.」

「왜 이런 방법으로 생각해야 해?」

「그건, 너희들이 포크댄스를 춘다고 해보자. 댄스는 남자와 여자가 1:1로 추는 게 기본이니까, 남자와 여자가 같은 수만큼 있어야 걸맞지 않겠니. 과부족이 없어야 할 거라고 생각하겠지.

학교에서 체육대회 때 기마전을 하는데, 기마전에는 말이 될 세 사람과 기수 한 사람이 한 팀이 되니까 4의 배수만큼의 사람이 있으면 될 거야.

그런 경우에 사람수를 계산하는 건 간단하니까, 금방 수를 세어서 짝맞춤을 생각할 수가 있겠지.

은행에 저금통을 갖고 가면, 동전을 먼저 크기대로 나누어 놓은 다음, 크기에 따라 동전이 들어맞게 구멍이 패인 판에다 동전을 올려놓고 흔들면, 단번에 100개씩 셈하는 걸 봤겠지.

또 설탕이나 밀가루, 약물 같은 것도 일정한 크기의 용기를 만들어, 이건 1kg, 이건 5kg이라는 식으로 무게와 용기수로 계산하는 방법도 있지.

화학반응도 분자와 분자의 충돌에 의해서 일어나는 것이니까, 반응하

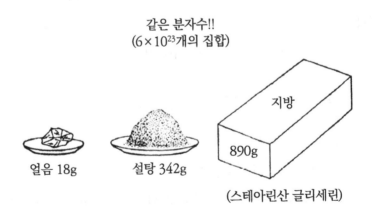

같은 분자수!!
(6×10^{23}개의 집합)

지방

890g

얼음 18g   설탕 342g

(스테아린산 글리세린)

그림 7-6 | 어느 것이나 같은 개수의 분자수

는 분자수의 비는 간단한 정수비가 되는 게 보통이지. 그러니까 그 정수비로 반응물질을 섞어주면 되는 거야. 그러나 분자는 작기 때문에 세어서 섞을 수가 없으니까, 개수에 관계되는 질량을 달아서 섞어주면 되는 거다.

결국 몰 단위로서 물질을 취하면, 개수를 생각해서 취한 것과 같다는 것이야.

예를 들면 수소와 산소를 섞어서 점화하여 물을 만들었다고 하자. 이때 수소 2분자와 산소 1분자가 반응하는 셈이니까

　　　수소 2몰=4g

　　　산소 1몰=32g

즉 4:32의 질량비로 섞어주면 남지도, 모자라지도 않고 반응하게 되는 것이지. 그런데 만일

　　　수소 2g　산소 1g

의 질량으로 2:1이 되게 섞으면 수소가 남게 되는 거야.」

「그렇구나. 몰이란 개수를 맞추기 위해 질량으로 생각한 단위란 말이지.」

「그래, 바로 그거야.」

「그럼, 공장 같은 데서 원료를 계량할 때 활용되겠네.」

「그것도 그렇지만 화학연구에서는, 언제나 생각하지 않으면 안 되는 게 몰이란다.

예를 들어 탄소와 수소로 된 화합물이 많이 있잖아. 어떤 탄소와 수소로 된 화합물이 있는데, 그걸 분석한 결과 탄소 75%와 수소 25%로 되어 있다고 해보자(질량). 이걸 원자의 개수의 비로 고치기 위해 75g을 탄소 1

몰의 질량인 12g으로 나누는 거다.

$$\frac{75g}{12g} = 6.25$$

수소 25g을 수소 1몰(1그램 원자)의 질량인 1g으로 나누어야겠지.

$$\frac{25g}{1g} = 25$$

이 6.25와 25는 원자의 개수에 비례하는 수야. 그러므로 정수비가 되게 바꾸면

6.25 : 25 = 1 : 4

즉 이 화합물은 탄소원자 1개에 대해서 수소원자 4개가 화합해서 된 CH_4라는 물질이라는 걸 알 수 있는 거란다.」

「그렇구나. g으로 나타낸 양을 개수로 환산하기 위해서는 반드시 필요한 생각이란 거지.」

「그래. 우리는 원자나 분자의 개수를 센다는 건 어려운 일이지만 질량은 측정할 수 있는 거야. 그러나 화학반응을 생각할 때는 아무래도 분자나 원자의 개수가 필요하지. 그때 이 양자를 결부시켜 주는 역할을 하는 게 몰이라는 거다.」

「과연 몰을 모르고서는 화학 공부를 할 수 없다는 말이 되는군.」

Ⅷ. 무엇 때문에 힘든 고개를 넘어야 하나?

1. 한 잔의 커피로부터

향긋한 냄새를 풍기며 나리가 두 잔의 커피를 가지고 오빠 방으로 들어왔다.

「어때 오빠. 때로는 오빠한테도 서비스해 줄게.」

「아, 이건 고맙구나. 그렇지 않아도 한 잔 마시고 싶었던 참인데.」

철이는 잔을 받아들자마자 한 모금 마시더니

「얘, 이건 너무 달잖아.」

하고 말했다.

「어머, 그래도 각설탕을 1개만 넣으면 달지 않을 것 같아 두 개를 넣었는데. 내게는 딱 좋은걸.」

「그래. 그럼 오늘 저녁은 이 설탕의 당도에 관해서 먼저 공부하자. 부엌에 가서 눈금이 새겨진 계량컵으로 이 커피잔에 부은 물이 몇 cc나 되는지 재 가지고 와. 올 때 각설탕도 1개 갖고 와.」

「응.」

나리는 마시던 컵을 가지고 나갔다. 철이는 책꽂이에서 두세 권의 책을 꺼내어 뒤적이고 있었다. 얼마 후 나리가 돌아왔다.

「120cc야, 8부 정도지만.」

하면서 각설탕이 든 그릇을 내밀었다.

「응, 됐어.」

철이는 각설탕 1개를 꺼내 고무줄로 감아서 용수철저울로 무게를 달았다.

「각설탕은 6g이야. 자, 문제를 낼게.

문제 1 | 물 120cc에 각설탕 2개, 즉 12g을 녹인 용액은 몇 %의 설탕물이 되겠니?」

「어…, 물 120cc는 120g일 거고, 그 속에 설탕이 12g이니까, 10%지 뭐.」

「미안하지만 틀렸어. % 농도라는 건 용액 100g 중에 용질이 몇 g 들어 있느냐는 거야.」

「아, 그렇지. 용액이라면 물과 각설탕 두 개를 섞은 질량이지. 그럼

$$\frac{12}{12+120} \times 100 = 9.09\%$$

이러면 되겠지.」

「그래, 맞았어. 그런데 조금 전에 나리가 부엌에 간 사이에 조사한 건데, 사람이 달다고 느낄 수 있는 가장 묽은 설탕물은 사람에 따라 다소의

차이는 있지만 0.02몰 용액이라는 거야.」

「몰 용액?」

「그래, 몰 용액. 그걸 먼저 설명해야겠구나. 용액의 농도를 나타내는 데는 보통 % 농도를 사용한단다. 그건 방금 계산했듯이 용액 100g 중에 용질 몇 당이 녹아 있느냐를 나타낸 농도란다. 그런데 화학에서는 **몰농도** 라는 걸 자주 사용하거든. 이건 용액 1 ℓ 속에 용질 몇 몰이 녹아 있느냐 로 나타내는 거야. 지금 달다고 느끼는 한도가 0.02몰 용액이라고 하면, 용액 1 ℓ 속에 0.02몰의 설탕이 녹아 있다는 걸 뜻하는 거란다.」

「그렇게 설명해도 내 머리에는 잘 들어오지 않는데.」

「그래? 그럼 0.02몰 용액을 % 농도로 환산해 볼까. 순서를 따라 생각 해 보자.

문제2 | 설탕 1몰은 몇 g이냐. 설탕 0.02몰은 몇 g이냐. 또 설탕 12g 은 몇 몰이냐. 다만 설탕의 분자식은 $C_{12}H_{22}O_{11}$이다.」

「우선 1몰을 계산해야겠지.

$$12C \cdots\cdots 12 \times 12 = 144$$
$$22H \cdots\cdots 22 \times 1 = 22$$
$$11O \cdots\cdots 11 \times 16 = 176$$
$$\overline{}$$
$$C_{12}H_{22}O_{11} \cdots\cdots = 342$$

니까 1몰은 342g이겠지.」

「응, 그래.」

「그럼, 0.02몰은

$$342g \times 0.02 = 6.84g$$

그리고 12g은

$$\frac{12g}{342g} = 0.035몰$$

이러면 되잖아.」

「그래, 됐어. 그럼 다음으로 넘어간다.

문제3│ 물 120cc에 설탕 12g을 녹인 용액은 몇 몰 용액이지?」

「그건, 120cc 중에 12g, 즉 0.035몰이 녹아 있으니까 1ℓ, 즉 1000cc
속에는

$$\frac{0.035}{120} \times 1000 = 0.292몰/\ell$$

가 되나?.」

「아니야, 틀렸어. 그건 물 1000cc에 0.292몰이 녹아 있다는 것이지,
용액 1ℓ에 녹아 있는 값이 아니란 말이야.」

「아, 그래 …. 하지만 물 120cc와 설탕 12g으로는 합쳐서 132cc라는
것으로는 안 되잖아?」

「하하하, 물론 132cc는 아니야. 몰농도는 1ℓ 속의 부피 중에서 생각하는
거고, %농도는 100g 중이라고 하는 질량 속에 들어 있는 비율을 말하는 거야.」

「그렇다면 설탕물 1ℓ는 몇 g인가를 알아야겠네.」

「물론이지. 물 120g에 설탕 12g을 녹여서 계량컵에 넣고 부피를 측정하면 알 수 있는 거지만, 비중을 알고 있으면 계산할 수 있는 거야.

$$비중 = \frac{질량}{부피}$$

의 관계가 있으니까.」

철이는 책상 위에 있는 『화학 데이터북』이란 책을 펼쳤다.

「자, 이걸 보면 여러 가지 용액의 농도와 비중이 표로 만들어져 있단다. 설탕은 …… 그래 여기다. 10%일 때의 비중이 1.038로 나와 있다. 지금의 문제에서의 설탕물은 9.09%였지. 이보다 조금 비중이 작다고 생각해서 1.035라는 값을 사용해 볼까.」

「이 설탕물의 질량은 132g이니까 132g을 1.035로 나누면 부피가 나올 테지.

$$\frac{132}{1.035} = 127.5cc$$

이러면 되잖아?」

「글쎄다. 127.5cc의 용액 속에 0.035몰의 설탕이 녹아있는 거니까.」

「아, 이번에는 틀리지 않을 거야.

$$\frac{0.035}{127.5} \times 1000 = 0.274 몰/\ell$$

가 되겠네.」

「그래, 됐어. 그걸로 비교가 돼. 즉 달다는 걸 느낄 수 있는 농도가

0.02몰이라고 하니까, 이 커피의 달기는 대충 그것의 10배, 정확하게는

$$\frac{0.274}{0.02} = 13.7 \text{배}$$

나 달다는 결과야. 그럼 이런 걸 한번 생각해 보렴.

문제 4 | 이 설탕물 속에 들어 있는 물분자와 설탕분자의 수의 비율을 구해 보렴.」

「분자수의 비율이라 ⋯. 아, 난 뭐라고. 몰수의 비를 구하면 곧 분자수의 비가 되잖아.

물이 120g이니까 물의 분자량으로 나누면

$$\frac{120}{18} = 6.67 \text{몰}$$

설탕 12g의 분자량은 아까 구했었지. 그래 342니까

$$\frac{12}{342} = 0.035 \text{몰}$$

그러니까 분자수의 비는

6.67 : 0.035 = 190.6 : 1

이네.」

「음⋯. 물분자 191개 속에 설탕 1분자가 있는 셈이군. 단맛을 겨우 알 수 있는 농도는 이보다 13.7배가 묽으니까

190.6 × 13.7 = 2611.22

즉, 2600개의 물분자 중에 설탕분자 1개가 들어 있으면 달다는 걸 느낄 수 있다는 거지.」

「2600명의 학생이 있는 학교라면 꽤 큰 학교잖아. 그중에 유별난 학생이 한 사람이 있어도 금방 눈에 띌 정도라는 거네.」

「그런 말을 하니까 생각나는데. 오빠 고등학교 때의 선생님께서 이런 말씀을 하셨지. 선생님이 고등학교에 다니실 때 처음으로 남녀공학이 되었대. 원래가 남자학교였기 때문에 첫해에는 불과 14명의 여학생이 들어왔다는 거야. 그런데 고작 14명의 여학생 때문에 학교의 분위기가 싹 바뀌어 버린 것에 놀라셨다는 거야. 그 학교의 학생수는 모르겠지만, 아마 1000명 정도였을 거야. 거기에 14명의 여학생. 이건 이 설탕물 속의 설탕의 비율보다 조금 많은 정도야. 그러니까 그 학교의 분위기가 꽤 달콤해졌나 봐.」

「우리 학교에는 남학생과 여학생이 반반이니까 달콤하고 말고 하는 분위기가 아니란 말이야.」

「하하하, 설탕물과 공학은 똑같이 생각할 수 없단 말이구나.

자, 화학 이야기나 하자. 하여튼 몰농도라는 의미는 알겠지?」

「응. 하지만 왜 % 농도와 몰농도에서 한쪽은 100g 중에서고, 다른 쪽은 1ℓ의 중에서와 같이 질량과 부피를 따로따로 사용하는 거야? 귀찮게.」

「암기를 생각한다면 한 종류만인 것이 좋겠지만, 이론적으로 생각하거나 실험을 하는 입장에서는 따로따로 있는 게 편리할 때가 많단다. 생각해 보렴. 용액 10g을 정확하게 달려면 천평을 써야 하는데, 매우 손이 가잖아? 그러나 10cc를 취하는 데는 피펫을 써서 간단히 할 수 있단 말이다.

어떤 종류의 용액이라도 같은 몰농도일 때, 10cc를 취하면 그 속에 있는 분자량은 같다는 거니까 얼마나 편리하니.

즉 사용하는 목적에 따라서 % 농도가 편리할 때와 몰농도가 편리할 때가 있다고 생각하면 되는 거야.

자, 계산문제를 다루는 김에 좀 더 양의 관계를 생각해 보기로 할까.」

2. 배 속에 들어간 설탕의 행방

「나리야, 아까 마신 12g의 설탕의 행방을 추적하기로 하자. 배 속으로 들어가면 소화가 되겠지. 설탕은 인베르타아제라는 효소의 작용으로, 먼저 포도당과 과당으로 가수분해된단다. 반응식으로 쓰면

$$C_{12}H_{22}O_{11} + H_2O \rightarrow C_6H_{12}O_6 + C_6H_{12}O_6$$

설탕　　　　　　포도당　　과당 」

「포도당과 과당도 같은 $C_6H_{12}O_6$야?」

「아, 그건 원자의 결합방법이 조금씩 다르니까 다른 물질이지만, 원자수가 같기 때문에 분자식으로는 같은 거야. 이런 물질을 **이성질체**라고 한단다. 유기(탄소를 포함한다)화합물에서는 성분원소의 종류가 적은데도 화합물의 수가 엄청나게 많아. 그러니까 이성질체가 많은 거다. $C_6H_{12}O_6$도 이 둘만이 아니고 더 많이 있어. 자. 그럼 문제를 낼게.

문제 5 | 12g의 설탕으로부터 포도당과 과당이 몇 g씩 생성될까?」

이런 계산문제를 생각하기 위해서 화학식이 나타내는 의미를 조금 확대해 볼까.

$C_{12}H_{22}O_{11}$이라고 쓰면 먼저

1. 설탕이라는 걸 나타낸다

는 것이었지. 다음에는

2. 설탕분자 1개를 나타낸다

는 것이고, 그리고 1분자 중의 성분원소의 비도 알 수 있지. 또 한 단계 나아가서

3. 1몰의 설탕을 나타낸다

고 해.

그럼 반응식도

$$C_{12}H_{22}O_{11} + H_2O \rightarrow C_6H_{12}O_6 + C_6H_{12}O_6$$

는 설탕 1분자에 물 1분자가 더해져서, 포도당 1분자와 과당 1분자가 된다는 걸 나타내는 동시에, 설탕 1몰과 물 1몰로부터 포도당 1몰과 과당 1몰이 생성된다는 걸 나타낸다고 말할 수 있지.

설탕 1몰은 342g이었으니까 포도당을 구해 보렴.」

「응,

$$
\begin{array}{ll}
6C \cdots\cdots\cdots\cdots & 6 \times 12 = 72 \\
12H \cdots\cdots\cdots & 12 \times 1 = 12 \\
+ 6O \cdots\cdots\cdots & 6 \times 16 = 96 \\
\hline
C_6H_{12}O_6 \cdots\cdots\cdots & = 180
\end{array}
$$

포도당과 과당의 1몰은 180g이야.」

「그래, 맞았어. 그럼

　　설탕 342g에서 ················· 포도당 180g

　이 비율로 설탕 12g ············· 포도당 xg

　　342g : 12g = 180g : xg

$$x = \frac{12 \times 180}{342} = 6.3158g$$

이 되지.」

「비례계산이네.」

「그래, 화학 계산에는 비례계산이 많단다. 지금 푼 계산을 조금 형식화

해 볼까.

　먼저 반응식을 정확히 쓰는 거다. 그리고 관계되는 화합물의 분자량

(1몰)을 계산해서 식 밑에다 쓰는 거야. 그리고 문제에서 주어진 수와 x를

식 위에다 쓰자.

$$\overset{12g}{C_{12}H_{22}O_{11}} + H_2O \rightarrow \overset{xg}{C_6H_{12}O_6} + C_6H_{12}O_6$$
$$\underset{342g}{} \qquad \underset{180g}{}$$

그리고는 그대로 분수식을 만드는 거다.

$$\frac{12}{342} = \frac{x}{180}$$

이걸 계산하면 되는 거란다.」

「그래, 알았어.」

「몰을 사용해서 조금 더 다르게 생각하는 방법도 있지. 이 반응식은

설탕 1몰 + 물 1몰 → 포도당 1몰 + 과당 1몰

이라는 반응이니까, 설탕 $\frac{12}{342}$ 몰로부터는 포도당이나 과당이 각각 $\frac{12}{342}$ 몰이 생기는 셈이야. 그리고 포도당 1몰=180g이니까 $\frac{12}{342}$ 몰은

$$\frac{12}{342} \times 180g = 6.3158g$$

이 되는 거지.」

「아, 이 방법이 더 멋있는데.」

「그럼, 이 방법을 쓰면 돼. 그럼 다음으로 나간다. 포도당이나 과당은 흡수되어 핏속을 돌며, 예를 들어 지금 나리가 재잘대는 입 주위의 근육으로 가서, 거기서 연소해서 열을 내는 거다. 몸 안에서는 점화했을 때처럼 갑자기 CO_2와 H_2O로는 되지 않지만, 몇 단계의 변화를 거쳐서 결국은 CO_2와 H_2O가 되는 거다. 반응식으로 나타내면……」

「아. 내가 생각해 볼게.

$$C_6H_{12}O_6 + O_2 \rightarrow CO_2 + H_2O$$

$C_6H_{12}O_6$에는 C가 6개 있으니까 생성되는 CO_2는 6분자가 되겠고, H는 12개 있으니까 H_2O는 $6H_2O$가 되어야 하니까

$$C_6H_{12}O_6 + O_2 \rightarrow 6CO_2 + 6H_2O$$

여기서 O는 $6CO_2$에 12개, $6H_2O$에 6개, 도합 18개가 되겠네. 그리고 $C_6H_{12}O_6$에는 6개가 있으니까 빼면 12개가 필요하겠군. 그래서 $6O_2$로 하면 되겠다.

$$C_6H_{12}O_6 + 6O_2 \rightarrow 6CO_2 + 6H_2O$$

이러면 됐지?」

「그래, 좋아 그럼 다음 문제다.

문제6| 설탕 12g을 먹으면 최종적으로 이산화탄소는 몇 g이 나오는가?」

「좋아, 그것도 할 수 있어. 설탕 12g으로부터 생성되는 포도당의 양은, 앞의 문제에서 6.3158g이었지. 과당도 같은 양이 생기니까 양쪽의 합산 2 ×6.3158g에서 이산화탄소가 얼마나 생성되는가를 계산하면 되겠지.

$$\underset{C_6H_{12}O_6}{\overset{2\times6.3158\,g}{}} + 6O_2 \longrightarrow \underset{180\,g}{} \overset{x}{6CO_2} + 6H_2O$$
$$\quad 180\,g \qquad 6\times44\,g$$

$$\frac{2\times6.3158}{180} = \frac{x}{6\times44}$$

$$x = \frac{2\times6.3158\times6\times44}{180} = 18.5263\,g$$

이러면 됐지?」

「그래. 아까 나리가 멋있다고 한 방법으로 하면 어떻게 될까?」

「아, 그렇지. 포도당의 6.3158g은 $\frac{12}{342}$ 몰이었지. 반응식으로부터 포도당 1몰에서 CO_2는 6몰이 생기니까

$\frac{12}{342}$ 몰에서 $\frac{12}{342}\times6$ 몰

과당으로부터도 같은 만큼 생기니까 $\frac{12}{342} \times 6 \times 2$ 몰, 이산화탄소 1몰 =44g이니까

$$\frac{12}{342} \times 6 \times 2 \times 44 = 18.5263g$$

아, 맞았다. 같은 답이 나왔다.」

「그래, 이해가 된 것 같구나. 그럼 설탕이 아닌 다른 연습문제를 해 볼까.

문제 7 | 산소 10g을 만드는 데는 염소산칼륨 몇 g을 이산화망간과 가열하면 될까?」

「아, 이번에는 x가 좌변에 오겠네. 좋아, 염소산칼륨의 분해는
$$2KClO_3 \rightarrow 2KCl + 3O_2$$
일 거고,

염소산칼륨 → 산소

2몰 → 3몰

$\frac{2}{3}$ 몰 → 1몰

이지. 산소 1몰은 32g이니까 10g은 $\frac{10}{32}$ 몰이다.
그러니까

$$\frac{2}{3} \times \frac{10}{32} \text{ 몰} \rightarrow \frac{10}{32} \text{ 몰}$$

여기서 $KClO_3$ 1몰을 계산하면

$$K \quad \cdots\cdots\cdots\cdots \quad 39$$
$$Cl \quad \cdots\cdots\cdots\cdots \quad 36$$
$$\underline{+3\,O \quad \cdots\cdots \quad 3 \times 16 = 48}$$
$$KClO_3 \qquad\qquad = 123\,g$$

이니까 $\frac{2}{3} \times \frac{10}{32}$ 몰은

$$\frac{2}{3} \times \frac{10}{32} \times 123 = 25.625g$$

이거면 어때? 오빠.」

「응, 잘했어 잘했어.」

「에헴!」

「자, 그럼 또 한 문제.

문제 8 | 3% 과산화수소수 200g을 분해하면 몇 g의 산소가 발생하
는가?」

「응, 3%라면…… 97%는 물이란 말이지. 아, 그렇지. 과산화수소는
200g 중 6g이 들어 있다는 거야. 그러니까 6g의 과산화수소로부터 산소
가 몇 g이 나오느냐는 문제구나.

반응식은

$$2H_2O_2 \rightarrow 2H_2O + O_2$$

2몰 → 1몰

1몰 → 1/2몰

과산화수소 1몰은 34g이니까 6g은 $\frac{6}{34}$ 몰이겠지.

$$\frac{6}{34} \text{몰} \rightarrow \frac{6}{2 \times 34} \text{몰}$$

이 될 거고, 산소 1몰은 32g이니까

$$\frac{6}{2 \times 34} \times 32 = 2.8235g$$

이 된단 말이지.」

「그래, 아주 잘하는데.」

「학교에서 실험할 때, 선생님은 이런 계산을 해서 약품을 준비하시는 걸까? 하지만 산소를 모으는 건 집기병이잖아. 집기병이라면 한 병의 부피가 500cc니까, 500cc의 산소를 만드는 데는…, 이런 계산을 해야 하는 거야?」

「그래, 그렇단다. 기체를 생각할 때는 질량보다 부피 쪽이 편리해. 그럼 기체의 부피를 생각해 보기로 하자. 그러려면 먼저 기체, 액체, 고체의 차이점을 공부해야 해.

그럼 이건 내일 하자.」

「이번에는 커피 대신 뭘 가져오면 돼?」

「글쎄다. 고무풍선이라도 가져오렴.」

「좋았어.」

나리는 정말 그렇게 받아들인 것 같다.

IX. 풍선은 왜 부풀었을까?

1. 기체가 되면 분자가 팽창하는 것일까?

다음 날 나리는

「오빠, 고무풍선 몇 개나 있으면 돼?」

하고 말하며 고무풍선 한 뭉치를 내밀었다.

「뭐야, 이건? 정말로 고무풍선을 갖고 왔니. 음, 그래 좋아. 그럼 그걸 쓰는걸로 생각해 봐야겠구나. 잠깐만 기다려.」

철이는 이렇게 말하고는 밖으로 나갔다. 좀처럼 돌아오지 않는다. 1시간이 지났는데도 돌아오지 않았다.

「아이 오빠도 너무해. 바람맞혔잖아!」

나리는 볼이 풍선만큼이나 퉁퉁 부어 자기 방으로 돌아갔다. 다시 30분쯤 더 지나고서야 드디어 돌아온 모양이었다. 나리가 일부러 모르는 척하고 있자,

「나리야, 빨리 건너와.」

하며 불렀다. 방으로 들어갔더니 철이는 포트 속에서 흰색 덩어리를 핀셋
으로 집어 용수철저울에 매달아 무게를 재고 있었다.

「그게 뭐야?」

「드라이아이스야. 조금 전에 일부러 나가서 가게를 하고 있는 친구한
테서 얻어온 거야. 네 공부를 위해서.」

「수고했네 오빠. 그런데 이걸로 뭘 하는 거야?」

「뭘 하건 우선 이 덩어리를 빨리 고무풍선 속으로 밀어 넣는 거야. 그
리고 눌러서 속에 든 공기를 밀어낸 다음, 주둥이를 고무줄로 꽉 죄어 매
기나 해.」

나리가 고무풍선의 주둥이를 손으로 벌리자, 철이는 핀 셋으로 잘게
조각낸 드라이아이스를 그 속으로 밀어 넣고 고무줄로 묶었다.

나리가 준비한 1다스의 고무풍선 속에 모두 채워 넣었을 때는, 이미
처음에 넣은 풍선은 상당히 부풀어 올라 있었다.

「됐어. 그럼 나리는 창고에 가면 마분지로 된 귤 상자가 있으니까 갖
고 와.」

나리는 무슨 영문인지는 몰라도 오빠가 시키는 대로 상자를 가지고 왔
다. 철이는 고무풍선을 볕이 닿은 곳에 내놓고 따뜻하게 하고 있었다. 풍
선은 자꾸 부풀어 오르고 있었다. 얼마 후 풍선은 모두 팽팽해졌다. 철이
는 그 풍선들을 귤 상자 속에 차례로 늘어놓았다.

「아, 잘 됐어. 대체로 예상했던 대로다.」

12개의 부푼 풍선은 6개씩 2단으로, 대체로 귤 상자에 꼭 맞게 들어

갔다.

「자, 그럼 계산을 시작할까. 나리야 먼저 이 귤 상자의 부피를 계산하렴.」
하며 철이는 줄자를 건네주었다. 나리는 상자를 쟀다. 세로 32㎝, 가로 40
㎝, 높이 30㎝이다.

$$32 \times 40 \times 30 = 38400㎤$$

「38400㎤이야, 이러면 됐어?」

「그래, 대충 38 ℓ구나.

그럼 다음에는 드라이아이스의 부피를 구해야지. 무게를 달았을 때는
7g였는데, 채우는 동안에 증발했을 테니까 6.5g이라고 하지. 드라이아이
스의 밀도는 (표를 보면서) 1.565g/cc구나.」

「그럼 6.5의 부피는

$$\frac{6.5}{1.565} = 4.15\,cc$$

가 되겠네.」

「응, 그게 12개 몫이니까

$$4.15 \times 12 = 49.8cc ≒ 50cc$$

야. 그럼 귤 상자의 부피를 50cc로 나누어 봐.」

「

$$\frac{38400}{50} = 768$$

768배야.」

「응, 드라이아이스가 기체로 되면 대충 768배로 팽창했다는 거다.」

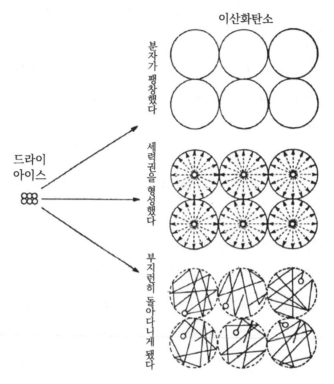

그림 9-1 | 드라이아이스가 팽창한 이유는?

「어머, 하지만 풍선과 풍선 사이에는 틈새가 있잖아.」

「그 대신 고무풍선 속은 고무의 탄력 때문에 바깥보다 압력이 높은 거다. 대충 770배로 보면 되겠지. 그럼 이제부터 이 팽창이란 걸 생각해 보는 거다. 손가락 끝만 한 드라이아이스가 아기 머리통만큼이나 팽창했단말이다. 드라이아이스 이외에는 아무것도 넣지 않았으니까 부풀게 한 책임자는 이산화탄소뿐이야. 나리도 알고 있겠지만 드라이아이스는 이산화탄소의 고체야. 그게 데워져서 기체가 된 거다. 그리고 부피가 대충 770 배로 늘어난 거야.

그런데 그 원인이 무엇이냐는 거다. 이 속에 들어 있는 이산화탄소의 분자가 증가한 건 아니니까, 부피의 증가를 생각하는 데는 세 가지 경우가 있을 거다.

(1) 분자 자신이 팽창했다.

(2) 분자가 다른 분자들이 가까이 다가오지 못하게 자신의 세력권을 형성했다.

(3) 분자가 활발하게 운동해서 활동공간이 넓어졌다.

그 뭐 낯짝이 크다는 말이 있잖아. 말하자면 (1)은 얼굴이 커졌다는 거고, 그만큼 지명도가 높아졌다는 거고 (2)는 위세로 남을 제압할 수 있게 된 것, 즉 다른 분자들이 겁을 내어 접근하지 않기 때문에 자신의 세력권이 형성됐다는 것, (3)은 부지런히 자기 영역을 돌아다니면서 다른 나라로부터의 침입을 막는 영주라고 할 수 있겠지.

그런데 나리는 드라이아이스가 이 세 경우 중 어느 경우일 거라고 생각하니?」

「히히, 낯짝이 커졌다고 하지만 온도가 올라가 분자가 팽창했다고 해서 770배나 팽창한다는 건 생각할 수 없잖아. 그러니까 (1)은 아닐 거라고 생각해.

(2)는 아무리 위세가 당당하다 해도 분자가 다른 분자를 다가오지 못하게 할 힘이 있을까?

(3)의 경우, 활발하게 움직이게 된다는 건 생각할 수 있을 거야. 따뜻해져서 열에너지를 얻는 거니까. 다만, 분자는 서로가 사이사이로 끼어들 것 같기도 하니까, 이것만이라고 잘라 말할 수도 없잖아. 하지만 앞에서 분자는 매우 빠르게 움직이고 있다고 했으니까, 그런 걸로 미루어 보아서는 (3)이 제일 유력하겠는데.」

「그래. 과연 똑똑한데. 실은 분자나 원자가 있다고 생각해 낸 200년쯤 전의 학자는 대체로 (2)와 같이 생각했단다. (1)이라고는 생각할 수 없었지. 그래서 자기나 전기처럼 다른 분자를 접근시키지 않는 어떤 힘이 나와서 세력권을 형성하는 것이라고 생각했나봐. 그러나 지금은 서로 반발하는 자기나 전기의 힘도 전혀 없는 것은 아니지만, 도저히 이렇게 큰 세력권을 만들 수는 없다는 걸 알게 되어 (3)이 맞는 걸로 되었단다.」

2. 우주 공간에 있는 물질은 고체인가? 기체인가?

「세력권을 지키는 은어처럼 부지런히 돌아다니면서 이웃 분자들을 튕겨내고 있는 거군.」

「말하자면 그런 거야. 그런데 앞에서 우주 공간에서도 OH니 CH니 하는 분자가 있다고 말했었지.」

「응.」

「이 물질들은 고체일까, 액체일까? 아니면 기체일까?」

「응!? 다른 원자나 분자를 만나지 못해 고독한 여행을 계속하고 있는 거였지. 그렇다면 하나의 알갱이잖아. 그럼 고체인가. 하지만 공간을 떠돌고 있다고 하면, 이웃 분자와의 사이가 크게 벌어진 기체일까? 액체는 아닐 것 같아.」

「하하하, 알갱이라고 하니까 콩알이나 양귀비 씨앗처럼, 고체로 된 작은 덩어리를 상상하는구나. 그러나 현미경으로 가까스로 보일 정도의 알

그림 9-2 | 고체, 액체, 기체

갱이라도, 그 속에는 수억 개의 원자가 들어 있는 거야. 다시 말해서 고체니 액체니 기체니 하는 건 1개의 원자나 분자에 관한 게 아니야.

학교에서 체육 시간에 2열 횡대나 4열 종대로 정렬해 있을 때도 있지만, 그저 웅성웅성 아무렇게나 모여 있을 때도 있잖아. 또 운동장 전체로 퍼져서 뛰어다니고 있을 때도 있지. 학생 개개인에 대해서는 다를 게 없어. 다만 집합상태가 다를 뿐이야. 물질에 대해서도 마찬가지로 원자나 분자 그 자체에 변화가 있는 게 아니라 집합상태의 차이를 나타내기 위해서 고체, 액체 또는 기체라는 말을 쓰는 거다.

이를테면 줄을 맞추어 정렬해 있는 게 고체, 웅성거리며 아무렇게나 모여 있는 게 액체, 뛰어다니고 있는 게 기체라고 생각하면 돼.」

「그럼, 오빠. 체육 시간에 그 집합상태를 정하는 건 선생님의 구령이잖아. 우리는 그 구령에 따라서 정렬하든가, 자유롭게 뛰어다니든가 하는데 원자나 분자의 경우에는 구령하는 사람이 없잖아? 그럼 무엇이 집합상태를 정하는 거야?」

「응, 그것참 좋은 질문이야. 분명히 원자나 분자에는 구령을 걸어주는 사람이 없지. 그래, 새끼고양이가 다섯 마리 있다고 하자. 밤에는 한데 뭉쳐서 자겠지. 특히 추울 때는 머리를 서로 파묻어 가면서 비벼대지 않니. 좀 따뜻해지면 그렇게 뭉쳐 있지는 않고, 발을 뻗거나 길게 늘어지거나 하지. 더 따뜻한 방 안에서는 재롱을 부리면서 온 방 안을 뛰어다니겠지. 이 경우 새끼고양이는 집합해 있으려는 방향과 자유로이 뛰어다니려는 방향의 두 반대 방향의 경향이 있고 자유로이 돌아다니려는 방향은 기온이 높아질수록 더욱 심해지는 게 아니겠니.

원자나 분자의 경우도, 이 집합하는 방향과 분산하는 방향의 두 반대 방향의 경향이 있다고 생각하면 되는 거다. 새끼고양이의 경우, 집합하는 방향의 힘은 동료의식이나 혼자가 되는 불안, 보온 효과 등일 거야. 원자나 분자의 경우에는 서로 간의 인력이라고 말할 수 있겠지.」

「인력이라면 만유인력?」

「그래, 질량이 있는 것끼리는 만유인력에 의해서 끌어당겨지지. 원자나 분자도 가볍기는 하지만 질량이 있으니까 만유인력이 있을 수 있지. 그러나 분자 간의 인력은 이것과는 좀 다른 힘이 작용한단다. 앞에서 말했듯 이 원자는 (+)전기를 가진 핵과 (-)전기를 가진 핵 주위를 돌고 있는 전자로써 구성되어 있었지. 그러니까 화합물이 되어도 (+)의 부분과 (-)부분이 있는 거야. 이 한 분자의 (+)와 다른 분자의 (-)가 전기적으로 끌어당기는 경우도 있단다.

결국 분자 간에는 서로 끌어당기는 힘이 있고, 그것을 **반데르발스 힘** (Van der Waals force)이라고 하는 거다. 이것에 대해 분자를 운동하게 하는 건 열에너지인 거야.

그런데 말이다. 반데르발스 힘은 그 분자에 고유한 것으로, 온도와는 무관한 거다. 그래서 온도가 낮을 때는 운동하는 힘보다 끌어당기는 힘이 크기 때문에, 분자는 규칙적으로 빽빽하게 배열되어 위치도 거의 바뀌지 않는단다. 그래서 전체로서 일정한 형태를 갖게 되고 일정한 부피를 유지하는 거다. 이게 곧 고체이지. 조금 온도가 올라가서 움직이기 시작하면 고정해 있지 않고 분자와 분자가 어긋나게 되지만, 아직 인력을 딱 끊어 버릴 정도는 안 되는 거야. 그래서 형태가 일정하지 않고 용기에 따라서 달라지지만, 일정한 부피는 그대로 보존되지. 이게 바로 액체인 거야.

더욱더 온도가 올라가면 인력이 끊어지고 운동하기 시작하는 거야. 이제는 자유로이 뛰어다니면서 인력의 영향은 거의 받지 않게 되는 거다. 이 상태가 기체란다.」

「아, 알았다. 우주 공간의 CH 등의 분자는 역시 기체라고 말할 수 있겠네. 주위에 다른 분자가 없으니까 인력이 없을 것이고, 집합하려 해도 동료가 없고. 그래서 정처 없는 여행을 계속하고 있으니까 운동을 하고 있는 셈이니까, 그래 기체야. 틀림없어.」

「과연, 그렇게도 말할 수 있을지도 몰라. 그러나 기체, 액체, 고체란 건 필경은 지구 위에서와 같이 물질밀도가 높은 곳에 해당되는 말이란다. 지구 위의 진공이라고 일컬어지는 전구 속일지라도, 우주 공간과 비교하면 도시와 벽촌의 인구와 같은 차가 있는 것이니까. 그리고 또 태양과 같은 별 속에서는 플라스마라고 불리는 원자핵과 전자가 흩어져서 된 별개의 물질의 집합상태가 있는 거다. 따라서 세 가지 상태를 볼 수 있는 지구 위는 평온한 세계라고 말할 수가 있단다. 그런데 지금 문제로 삼고 있는 건 기체의 부피였지? 우주 공간의 분자에 관한 얘기를 한 건, 그게 기체라고 하더라도 도대체 부피를 얼마라고 해야 되느냐를 생각해 보기 위한 거였다. 어떠니, 1㎤의 공간에 OH분자가 1개 있다고 했을 때, 그 기체의 부피를 얼마라고 해야 되겠니?」

3. 기체에는 자신의 부피가 없다

「음……, 이건 좀 모르겠는데.」

「하하하, 그럼 이 그림(그림 9-3)을 보면서 생각해 볼까.

여기에 만년필이 있다. 그 부피는 15㎤ 정도일 거야. 이건 책상 위에 놓아두거나 컵 속에 세워 놓거나 이렇게 공중으로 들어올려도 언제나 같은 형태이고, 부피는 15㎤라고 할 수 있겠지.

즉 고체의 부피는 용기와는 관계가 없단 말이다. 좀 더 학문적인 표현을 빌리면, 어떤 고체를 이루고 있는 분자 1개의 부피를 V, 분자수를 N이

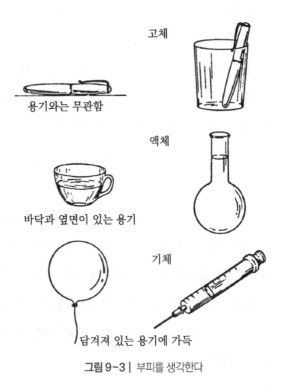

고체

용기와는 무관함

액체

바닥과 옆면이 있는 용기

기체

담겨져 있는 용기에 가득

그림 9-3 | 부피를 생각한다

라 하고, 분자가 배열했을 때 공간의 부피를 S라고 하면 그 고체의 부피는

V × N + S

가 될 거다. 이 글상자 속의 풍선을 생각해 보렴.」

「응, 그래.」

「액체인 경우에는 분자의 위치가 처지는 거야. 그렇기 때문에 용기에 따라서 형태가 달라진다. 즉 액체의 형태는 용기에 따라 달라지지만, 바닥과 옆면이 있어서 엎질러지지 않는다면 액체의 부피는 같아. 그리고 그 부피는 역시 (V×N+S)인 건 알겠지. 액체에서는 S가 고체인 경우보다 보통은 커지는 거다.」

「그럼, 액체에서 S가 작아지는 물질도 있단 말이야?」

「그래, 얼음은 물에 뜨지 않니. 밀도가 물보다 작기 때문이야. 얼음이 물이 되어도 분자수에는 변화가 없어. 분자 1개의 크기도 변화하지 않는다고 하면 물의 경우에는 S만 작아졌다고 볼 수 있잖니.」

「응. 그렇구나. 다른 것도 그런 게 있어?」

「있지. 활자를 만드는 합금도 그렇단다. 자, 그럼 그물이 기체가 됐다고 하자. 아까 말한 그 드라이아이스의 고무풍선처럼 기체가 되면 770배나 부피가 늘어나지. 고무풍선 속에 넣은 드라이아이스는 밖으로 나가지도 않을뿐더러, 다른 걸 더 넣지도 않았으니까, 분자수 N도 또 그 부피 V도 변화가 없을 게 아니니. 그렇다면 커진 건 S뿐이겠지.」

「응.」

「지금, 드라이아이스 때의 부피를 (NV+S)라고 하고, 기체가 됐을 때의

부피를 (NV+S′)라고 생각하면

$$\frac{NV + S'}{NV + S} = 770$$

$$NV + S' = 770NV + 770S$$

$$S' = 770NV + 770S - NV$$

$$= 769NV + 770S$$

$$\fallingdotseq 770(NV + S)$$

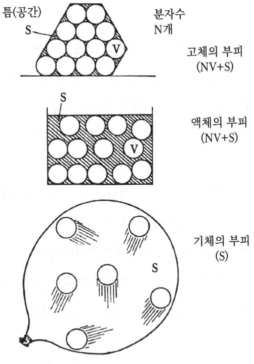

틈(공간)
S

분자수
N개

고체의 부피
(NV+S)

S

액체의 부피
(NV+S)

S

기체의 부피
(S)

그림 9-4 | 커지는 것은 공간뿐이다

즉, 기체가 됐을 때는 틈새가 드라이아이스의 부피의 770배가 됐다고 생각할 수 있겠지.」

「잠깐, NV를 0이라고 생각해 버리는 거니까 V=0, 분자의 부피를 무시해 버린다는 거야?」

「그래, 분자의 부피를 무시해도 될 정도로 기체 속의 분자와 분자 간의 공간이 커졌다는 거야.」

「그럼, 기체의 부피란 분자가 존재하지 않는 공간과 같다는 거야?」

「그렇지, 용기의 크고 작고에 관계없이 그 속에 기체를 넣으면 기체는 그 용기 가득히 퍼진다는 거야.」(그림 9-4).

「아 오빠는 그 상식적인 걸 꽈배기 꼬듯이 꼬아서 말해.」

「그렇지만 이렇게 생각하면, 같은 부피라는 말을 사용해도 고체나 액체의 부피와 기체의 부피는 근본적으로 다르다는 걸 알았잖니. 같은 (NV+S)라도 고체나 액체에서는 NV의 비중이 크고, 기체에서는 NV는 무시하고 S만을 생각해도 된다는 거야.」

4. 기체의 법칙

「자, 그럼 이번에는 기체분자가 부지런히 자기 세력권을 뛰어다니면서 이웃 분자의 침입을 막고 있는 그 반발력에 대해서 생각해 보기로 하자. 풍선이 팽창해 있는 건 이와 같은 분자의 반발력의 합계가 고무의 수축하려는 힘과 평형을 이루고 있기 때문이라는 걸 알고 있겠지.」

「응.」

「이 힘의 합계를 **압력**이라고 한단다. 이제 풍선을 손으로 눌러주면 풍선은 오목하게 들어가겠지. 손으로 누른 만큼 외부로부터의 압력이 가해진 거야. 이것과 평형을 이루는 기체의 압력도 그만큼 강해진 거야. 그리고 부피는 수축된 거지. 압력이 늘면 부피는 줄어든다. 즉 기체의 부피와 압력은 반비례의 관계에 있단 말이다. 압력을 P, 부피를 V라고 하면

$$V = k \frac{1}{P} \quad k= 비례상수$$

$$PV=k \quad \cdots\cdots\cdots\cdots\cdots (1)$$

와 같다. 이 관계를 연구한 사람의 이름을 따서 이걸 **보일의 법칙**이라고 하지(그림 9-5). 이건 아마 중학교에서 배웠을 거야.

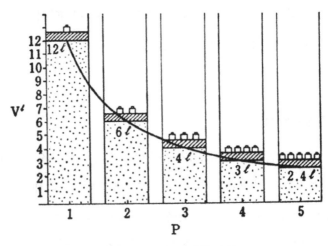

그림 9-5 | 보일의 법칙(PV=k)

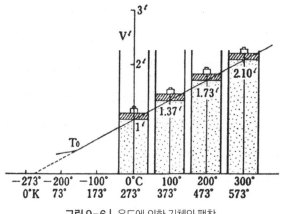

그림 9-6 | 온도에 의한 기체의 팽창

그리고 풍선을 볕에 두면 팽창해서 터져 버리는 경우가 있지. 그건 고체나 액체에서도 온도가 올라가면 팽창하지만 기체도 규칙적으로 온도에 비례해서 팽창한단다. 실험결과를 그래프로 나타내 보면 〈그림 9-6〉과 같이 직선관계를 갖는단다. 즉 0℃ 때의 1 ℓ 의 부피인 기체가 100℃가 되면 1.37 ℓ 가 되는 셈이야.

지금, 이 직선을 왼쪽으로 연장하면 가로축과 교차하게 되는데, 이때 온도 눈금을 왼쪽으로 연장해 보면 -273℃에 해당하게 되지. 그리고 그때의 부피는 0이 되는 거다. 그럼, 이 부피가 0이라는 건 어떤 상태라고 생각하니?」

「응, 기체의 온도를 낮춰가면 어디선가 액체로 변하겠지? 그리고 그 이하에서는 액체의 부피가 되는 건가? 그렇지만 부피가 0이라는 건 이상한데.」

「그래, 실제의 기체는 이 근처 T_0라고 하자. 이쯤에서 액체로 되고, 더욱 온도가 내려가면 부피는 줄지만 점선처럼은 되지 않고, 이렇게 선이 꺾이게 될 거야. 즉 -273°C까지 점선으로 연장한 선은, 기체가 액체로 되지 않고 줄곧 기체 그대로의 상태로 냉각된다면 하고 가정한 선이란다. 여기서 부피가 0이 된다는 건 앞에서 물질의 부피(NV+S)에서 기체의 경우 NV를 무시하고 S라고 생각해도 된다고 했었지. 그때의 S가 0이 되는 경우라고 생각하면 되는 거야. 실제의 물질에서는 NV가 0이 되지는 않으니까 말이다.」

「S가 0이 된다는 건 분자의 세력권이 0이 된다는 뜻일까?」

「그래 그런 거야. 더 이상 분자가 활발하게 돌아다녀서 세력권을 지킬 힘이 없어져서 정지해 버리는 온도라고 생각해도 돼. 기체분자는 열에너지에 의해서 운동하는 것이므로, 운동이 0이 된다는 건 열에너지도 0, 즉 온도가 최저라는 걸 뜻하는 거란다. 이 최저온도는 섭씨 눈금으로는 -273°이지만 여기를 절대영도로 하여, 똑같은 섭씨 눈금으로 온도를 나타낼 수 있을 거야. 이걸 **절대온도**라고 한단다. 즉 절대온도를 T, 섭씨온도를 t라고 하면

$$T^\circ = t^\circ + 273^\circ$$

의 관계가 된다는 거다.

이 절대영도를 원점으로 하면 기체의 부피 V는 절대온도 T에 비례하게 된단다. 이 그래프는 곧 기체의 부피 V가 절대온도 T에 비례하는 것을 나타내는 그래프란다.

$$V = k' \, T \quad \cdots\cdots\cdots\cdots\cdots \quad (2)$$

이 관계를 **샤를의 법칙**이라고 하지.」

「그걸 연구한 사람의 이름이야?」

「그렇지. 그럼 보일의 법칙과 샤를의 법칙을 통합해 보기로 하자.

먼저 온도 T_1, 압력 P_1일 때의 부피를 갖는 기체가 온도 T_2, 압력 P_2가 되면 부피도 V_2로 변화했다고 하자. 이 둘 사이의 관계를 식으로 나타내 보는 거다.

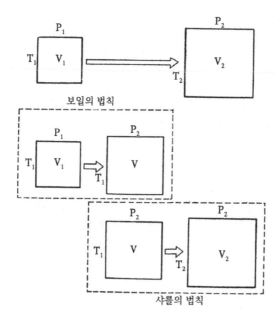

그림 9-7 | 먼저 압력만, 다음에는 온도만 올라간다고 생각하자

이건 한 번에 생각하지 말고 두 단계로 나누어서 생각하면 알기 쉽단

다(그림 9-7). 즉

을

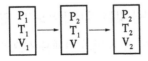

와 같이 두 단계로 나누는 거다. 그러면 제1단계에서는 온도의 변화가 없

으므로 보일의 법칙을 써서

$$P_1V_1 = k = P_2V$$

$$V = \frac{P_1V_1}{P_2} \quad \cdots\cdots\cdots\cdots\cdots (3)$$

이 되겠지. 다음 제2단계는 압력에는 변화가 없고 온도가 $T_1 \rightarrow T_2$로 변화

하는 거니까 샤를의 법칙을 써서

$$\frac{V}{T_1} = k' = \frac{V_2}{T_2}$$

$$V = \frac{V_2T_2}{T_2} \quad \cdots\cdots\cdots\cdots\cdots\cdots\cdots\cdots\cdots\cdots\cdots (4)$$

(3)과 (4)에서

$$\frac{P_1V_1}{P_2} = \frac{V_2T_1}{T_2}$$

모양을 바꾸어 정리하면

$$\frac{P_1V_1}{T_1} = \frac{P_2V_2}{T_2}$$ ··· (5)

이게 양쪽을 통합한 식으로서 **보일-샤를의 법칙**이라고 부르는 거다. 즉 말로 표현하면 **기체의 부피는 절대온도에 비례하고 압력에 반비례한다**는 게 되는 거지. 또 (5)를 바꾸어서

$$\frac{P_1V_1}{T_1} = \frac{P_2V_2}{T_2} = R \text{ 이라고 하면}$$

$P_1V_1 = RT_1$이 돼. 이걸 일반식으로 나타내면

$$PV = RT$$ ·· (6)

이것도 보일-샤를의 법칙을 나타낸 식이 되는 거란다. R은 비례상수로서 **기체상수**라고 한다.」

「음…, 이런 수식을 늘어놓으면 질색이란 말이야. 어떤 데에 필요한 거야?」

「필요한 게 아니면 외우기 싫다는 거냐. 실용성을 말하기 전에 한 단계 더 이야기해 둘 게 있어. 조금만 더 참으시지.」

5. 기체의 부피는 그 종류와 관계가 없다

「그럼 다시 한번 물질의 부피로 되돌아가자. 1개의 분자의 부피를 V라고 하고 N개의 분자가 모여 있을 때, 틈새를 S라고 하면 그 물질 집합체의

부피는

　　　　$NV + S$

였지. 그리고 고체나 액체에 있어서는 S가 작기 때문에 V가 전체의 부피를 결정하는 데 큰 역할을 했었지. 즉 그 물질의 분자의 크기에 관계하므로, N은 같아도 전체의 부피는 물질의 종류에 따라서 달라진다는 거야. 이건 극히 당연한 이야기야. H_2분자는 작고, NH_3분자가 되면 부피가 4배 이상 크단다.

　그런데 기체가 되면 S가 NV의 수백 배나 커지기 때문에 NV의 영향은 무시해도 된다고 말했었지. 이 말은 곧 기체의 부피는 종류와는 관계가 없다는 뜻이 될 거다. S를 결정하는 건 분자운동의 세기 정도, 다시 말해서 온도인 거야. 그래서 용기의 크기를 정하고, 그 속에 넣을 분자의 수를 일정하게 하고, 운동의 세기의 정도를 정하는 온도를 일정하게 해 주면, 어떤 기체라도 같은 압력을 나타내게 된다는 거야.」

　「응, 그런 건가.」

　「그래서 분자수를 1몰, 즉 6×10^{23}개로 하고, 온도를 0℃(절대온도 273°K), 압력이 1기압이 될 때의 부피를 보면, 그게 22.4 ℓ 가 되는 거야. 즉

　'기체의 1몰은 0℃. 1기압에서 22.4 ℓ'

라는 게 확인되었단 말이다.」

　「정말로 어떤 기체라도 22.4 ℓ 인 거야?」

　「그래, 너희들이 배우는 화학책에서는 그렇게 되어 있지.」

　「뭐, 그럼 더 고급화학으로 가면 그렇지 않단 말이야?」

「그렇다고 할 수 있지.」

「놀리지 마! 오빠, 아무리 기초화학이라고 해도 꾸며대면 못써!」

「거짓이 아니야. 자, 화만 내지 말고 이 표(표 9-8)를 보렴」

「뭐야, 이 이상기체라는 건?」

「응, 완전히 보일-샤를의 법칙을 따르는 기체, NV+S의 NV를 완전히 무시해도 되는 기체라는 뜻이지. 실제의 기체는 NV를 완전히 무시하면 좀 잘 맞지 않는 경우가 있어. 다만 분자와 분자가 충돌했을 때, 완전히 탄성충돌을 하지 않는 게 있다는 거야. 부지런히 돌아다니다가 이웃 분자를 만나면, 잠시 서서 이야기를 하는 놈도 있다고나 할까.

기체명	화학식	부피	기체명	화학식	부피
이상기체		22.4/	메탄	CH_4	22.36
수소	H_2	22.43	아세틸렌	C_2H_2	22.27
네온	Ne	22.43	에틸렌	C_2H_4	22.25
헬륨	He	22.41	염화수소	HCl	22.25
일산화탄소	CO	22.41	황화수소	H_2S	22.15
질소	N_2	22.40	염소	Cl_2	22.10
아르곤	Ar	22.40	암모니아	NH_3	22.08
산소	O_2	22.39	이산화황	SO_2	21.90

그림 9-8 | 0℃, 1기압에서 1몰의 부피

이 표에서 알 수 있듯이 질소나 아르곤은 이상기체와 같고, 수소나 비활성기체는 조금 크고, 반대로 조금 큰 복잡한 분자는 작단다. 그러나 보통 실험실에서 흔히 다루는 기체들은 22.4ℓ로 해도 큰 차이가 없다는 걸 알 수 있겠지. 그래서 기체 1몰은 0℃, 1기압에서 22.4ℓ로 하고 있는 거란다.」

「응 알았어. 정확하게 말하면 이 표의 왼쪽 줄에 있는 기체의 경우 22.4ℓ라고 생각하면 된다는 거지.」

「그래, 대체로 그런 말이지. 너희들의 교과서에는 어느 기체든지 모두 22.4ℓ를 쓰고 있을 거야.

그럼, 드디어 그걸 써서 계산해 보기로 할까. 나리가 말했듯이 어떻게 활용될 수 있는 건지 보기로 하지.」

6. 반응하는 기체의 부피를 계산한다

「먼저 쉬운 것부터 하자.

문제1 | 탄소 1g을 연소시켰을 때 발생하는 이산화탄소는 0℃, 1기압 에서는 몇 ℓ인가?」

「응, 할 수 있어. 1몰에서 1몰이 생기니까

$$\overset{1g}{C} + O_2 \rightarrow \overset{xg}{CO_2}$$
$$\underset{12g}{} \underset{44ℓ}{}$$

$$\frac{1}{12} = \frac{x}{44}$$

$$x = \frac{44}{12} = 3.67g$$

그리고 이산화탄소는 1몰 44g이 22.4ℓ 이니까

$$\frac{22.4}{44} = \frac{x}{3.67}$$

$$x = \frac{22.4}{44} \times 3.67 = 1.87 \ \ ℓ$$

이러면 됐지.」

「응, 좋아. 그렇지만 좀 더 요령껏 할 수 있지 않을까.

$$\overset{1g}{C} + \overset{}{O_2} - \overset{x \ ℓ}{CO_2}$$
$$\underset{12g}{} \qquad \underset{1몰 = 22.4 ℓ}{}$$

$$\frac{1}{12} \quad \frac{x}{22.4}$$

$$x = \frac{22.4}{12} = 1.87g$$

이렇게 말이다.」

「아, 그렇구나. CO_2는 1몰을 나타내는 것이니까 처음부터 22.4ℓ로 해서 계산하면 되겠네.」

「그렇지. 만일 $2CO_2$라면 2×22.4ℓ로 하면 되는 거야.」

「그렇군.」

「그럼 실험실의 실제 문제로 가볼까.

문제 2 | 10g의 아연에 묽은 황산을 가했을 때 발생하는 수소는 몇 ℓ

　　　　　인가? 단 기압은 765mmHg, 실온은 17℃다. Zn=65로 한다.」

「765^{mm}Hg, 17℃라는 건 언제 생각하면 되는 거야?」

「반응식에서 H$_2$라고 나와 있으면 0℃, 1기압 22.4ℓ를 뜻하는 거니까.
우선 0℃, 1기압을 계산한 다음 보일-샤를의 식을 써서 765^{mm}Hg, 17℃
를 계산하면 되는 거야.」

「아, 그렇구나.

　　　　10g　　　　　　　　　x1

　　　　Zn + H$_2$SO$_4$ → ZnSO$_4$ + H$_2$

　　　　65g　　　　　　　　　22.4 ℓ

$$\frac{10}{65} = \frac{x}{22.4}$$

$$x = \frac{10}{65} \times 22.4\,\ell = 3.446\,\ell$$

이건 0℃, 1기압의 부피니까 765^{mm}Hg, 17℃로 하려면

$$\frac{P_2 V_2}{T_1} = \frac{P_1 V_1}{T_1}$$

$$\frac{760 \times 3.446}{= 273} = \frac{765 \times x}{290}$$

$$x = \frac{760}{765} \times \frac{290}{273} \times 3.446$$

$$= 3.637 \, \ell$$

이러면 됐어?」

「응, 틀리지 않고 잘했는데. 이 계산에서 틀리기 쉬운 곳은 절대온도로 고치는 걸 잊는 거야. 17℃를 290K로 고치는 것과 1기압이 760^{mm}Hg이라는 걸 알고 있어야 해.

그럼 지금 것과는 반대가 되는 계산을 해 볼까?

문제3 | 17℃, 0.95기압의 실내에서 10 ℓ 의 수소를 얻고자 한다. 아연 몇 g을 묽은 황산에 가하면 되는가?」

「17℃, 0.95기압에서 10 ℓ 의 수소니까 반응식에 맞추기 위해서는 먼저 그걸 0℃, 1기압으로 환산해야 하겠네.」

「그래그래.」

「됐어.

$$\frac{P_1 V_1}{T_1} = \frac{P_2 V_2}{T_2}$$

$$\frac{0.95 \times 10}{290} = \frac{1 \times V}{273}$$

$$V = \frac{273}{290} \times 10 \times 0.95 = 8.943\,\ell$$

$$\begin{array}{ccccc} \text{xg} & & & & 8.934\,\ell \\ \text{Zn} + \text{H}_2\text{SO}_4 & \rightarrow & \text{ZnSO}_4 + \text{H}_2 \\ \text{65g} & & & & 22.4\,\ell \end{array}$$

$$\frac{x}{\text{x}} = \frac{8.943}{22.4}$$

$$\text{x} = \frac{8.943 \times 65}{22.4} = 25.95g$$

이러면 됐지?」

「됐어. 자, 이걸로 무슨 필요가 있냐고 하던 보일-샤를의 식이 어떻게 쓰이는지 알겠지.」

「응. 실험 준비를 할 때 선생님은 이런 계산을 하시겠네.」

「그래, 앞으로는 나리도 스스로 계산해 보는 거야. 실험실에서뿐만 아니고, 예를 들어 어떤 발전소에서 황이 몇 %의 중유를 하루에 몇 ㎘를 태우면, 대기 속에 방출되는 이산화황은 몇 ㎥가 되냐는 계산도 할 수 있는 거야.」

「그렇구나.」

「그럼, 이제 화학반응식의 계산은 알았지. '몰'을 잘 알고 사용할 것, 그리고 기체의 부피가 관계되는 경우에는 보일-샤를의 법칙을 생각하는 거다.」

「응, 그런데 화학계산이라는 거 이게 다야?」

「아니야, 아직 더 있어. 하지만 되풀이해서 말하지만, 분자나 원자의 개수와 질량을 연관시켜 생각하기 위해서 '몰'은 끊임없이 나온다고 생각하면 된단다. 그런 의미에서 화학반응식을 사용한 계산을 이해하는 건, 화학계산을 이해하는 기초라고도 말할 수 있지.」

「그럼 오빠, 강의를 여기서 잠깐 쉬고 지금까지 배운 걸 내가 한번 복습해 볼게. 그리고 잘 이해가 됐다고 생각되면 또 다음 공부를 부탁할게.」

「좋아! C_2가 ×표를 받았다고 화가 났던 때와 비교해 보면 정말 기특하단 말이야.」

「후후후.」

이렇게 해서 철이와 나리의 화학 공부는 일단 끝을 맺었다.